Wilhelm Bauer

Hühnerställe bauen

Wilhelm Bauer

Hühnerställe bauen

2., aktualisierte und erweiterte Auflage

63 Farbfotos

40 Zeichnungen

Inhalt

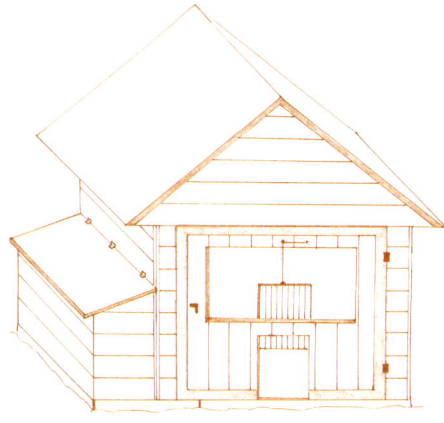

Musterställe

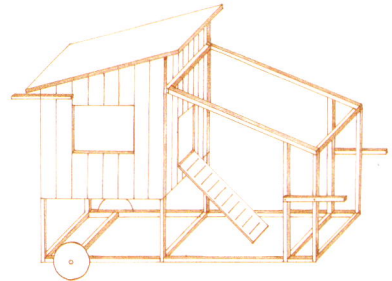

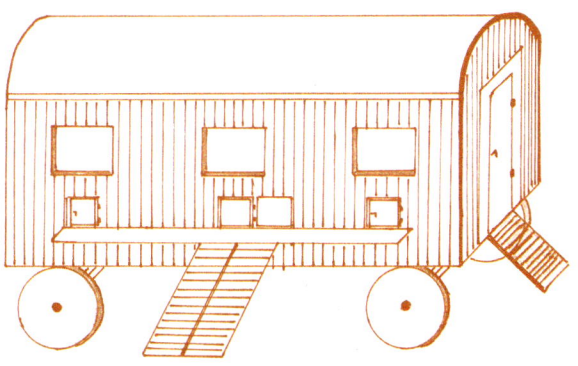

Ein Wort zuvor

Die Hühnerhaltung erlebt derzeit eine gewisse Renaissance. Es ist wieder „in", sich mit Hühnern zu beschäftigen. Die vielen Lebensmittelskandale tragen dazu mit Sicherheit ihren Teil bei, eine nahezu längst vergessene Liebhaberei wieder neu zu beleben. Aber neben der Eigenproduktion von Eiern und Fleisch hat die Hühnerhaltung längst den Weg hin zur Freizeitbeschäftigung geschafft.

Die natürliche Haltung der eigenen Hühner steht dabei oft im Vordergrund. Ein art- und rassegerechter Hühnerstall ist dafür unverzichtbar. Eine Lösung „von der Stange" ist in den seltensten Fällen möglich. Zu unterschiedlich sind die Voraussetzungen, die jeder Einzelne hat. Entweder man will ein bereits vorhandenes Gebäude, zum Beispiel eine Gartenhütte umnutzen, oder man wagt sich an den Neubau. Die angestrebte Zahl der Hühner ist hier ganz entscheidend, um die richtige Lösung zu finden.

Das vorliegende Buch soll alle ansprechen, die den Wunsch nach eigenen Hühnern verwirklichen möchten, und zwar von der absoluten Kleinsthaltung bis hin zum ambitionierten Rassegeflügelzüchter.

Viele Reisen und Besuche bei Hühnerhaltern und -züchtern haben manche Anregung gebracht und zeigen, wie unterschiedlich artgerechte Hühnerhaltung sein kann. In diesem Buch finden sowohl der Neueinsteiger in die Hühnerhaltung, der auf der Suche nach dem „idealen Stall" ist, als auch der erfahrene Züchter jede Menge Ratschläge und Tipps für den Stallbau. Suchen Sie sich das heraus, das auf Sie zutrifft, und passen es an die eigenen Verhältnisse an.

Ganz besonders bedanken möchte ich mich beim Verlag Eugen Ulmer für die 2. Auflage dieses Buches, das deutlich an Umfang zugenommen hat, und natürlich bei meiner Lektorin, Dr. Eva-Maria Götz, die mich wieder einmal großartig unterstützt hat. In diesen Dank mochte ich auch meine Familie, meine Frau Yvonne sowie meine Töchter Anna und Klara einbinden. Sie zeigen immer sehr großes Verständnis, wenn der Ehemann und Vater wieder auf Reisen ist, um Neues für den Hühnerstallbau zu entdecken und zu erforschen.

Wilhelm Bauer

Auch Hühner brauchen ein Dach über dem Kopf

Die Vorfahren unserer Hühner, die wilden Bankivahühner, sind ursprünglich im Dschungel zu Hause. Sie leben in Familienverbänden, suchen ihr Futter und brüten auf dem Boden. Der dichte Bewuchs schützt sie vor Feinden und Regen oder Sonne. Zum Schlafen begeben sie sich allerdings vom Boden weg auf Äste oder Zweige, sie baumen auf. Den Hühnern in unseren Gärten ist es egal, in welchem Stall sie leben, sofern die Grundvoraussetzungen zu ihrem Wohlbefinden erfüllt sind, wie Deckung, Schutz, Sitzstangen und ein Boden zum Scharren.

Der Hühnerstall soll funktional sein, er soll sich nach Möglichkeit aber auch ideal in das Gartenkonzept einbinden lassen und keinesfalls wie ein Fremdkörper wirken. Wenn beim Bau eines Hühnerstalles auf einige Dinge geachtet wird, brauchen sich Funktionalität und Ästhetik dabei keinesfalls ausschließen. Deshalb finden Sie in diesem Buch sehr unterschiedliche Stallvarianten, die ganz verschiedenen Ansprüchen an die Hühnerhaltung gerecht werden sollen. Es werden Beispielställe von der Kleinsthaltung bis hin zu einem Stall für den ambitionierten Rassegeflügelzüchter vorgestellt, denn die Geflügelhaltung und vor allem die Geflügelzucht finden oft in Gemeinschaftszuchtanlagen der örtlichen Geflügel- oder Kleintierzuchtvereine statt.

Dabei ist es durchaus möglich, manchmal sogar wünschenswert, sich aus den verschiedensten Beispielen das für den eigenen Fall Ideale und Passende auszusuchen und entsprechend abzuändern oder zu kombinieren. Gerade die Individualität eines Stalles kann der Freizeitbeschäftigung „Hühnerhaltung" das gewisse Etwas geben und viel Freude bereiten.

Seite 8: Beeren werden von Hühnern sehr gerne aufgenommen.

Tagsüber nutzen Hühner gerne Sträucher zum Aufbaumen. In der Nacht sollten Sie dies nicht dulden, um Verluste durch Fuchs und Co. zu vermeiden.

Aufbaumen –
ab auf die Bäume

Obwohl unsere Haushühner zum Teil gravierend anders aussehen als ihre wilden Ahnen, die Bankivahühner, sind sie ihnen im Verhalten doch noch sehr ähnlich. Besonders deutlich wird dies beim Aufbaumen. Die Bankiva gehen nämlich abends ihren Fressfeinden auf dem Boden aus dem Weg und ziehen sich zur Nachtruhe auf einen Schlafbaum zurück. Voraussetzung dafür ist natürlich,

dass sie gut fliegen können. Je nach Rangstellung in der Hühnerhierarchie wird dabei die Schlafstelle gewählt: je höher der Rang, desto höher ist der Schlafplatz. Während in der freien Natur genügend Platz vorhanden ist und eventuelle Rangeleien ausgetragen werden können, sieht das im Stall natürlich anders aus. Aus diesem Grund sollten Sie hier die Sitzgelegenheiten auf einer Höhe anbringen. Dies verhindert unnötige Rangeleien und Unruhe im Bestand.

Vor allem recht agile und flugfähige Hühner nutzen auch heute noch gerne jede Chance, um

Selbst am Tag gehen Hühner immer wieder einmal auf die Sitzstangen.

abends aufzubaumen. Ein alter Obstbaum im Auslauf ist dazu ideal. Eigentlich ist dagegen nichts einzuwenden. Fliegen aber die Hühner am nächsten Morgen etwas zu früh herunter, können sie leichte Beute von Marder, Fuchs und Co. werden. Um sie zu schützen, ist es also besser, sie abends in den Stall zu locken. Mit einer kleinen Körnergabe ist dies einfach möglich.

Funktionalität vor Ästhetik gilt eigentlich fast ausschließlich im Stall. Deshalb verwendet man hier auch gehobelte Dachlatten mit gleicher Dicke als Sitzstangen. Diese sind einfach zu reinigen und desinfizieren. Im Auslauf braucht man darauf keine Rücksicht zu nehmen. Das heißt, dass hier Äste in verschiedener Dicke und auf verschiedenen Höhen angebracht werden können. Gerne nehmen die Hühner diese Möglichkeiten zum Aufbaumen war, und zwar nicht nur am Abend, sondern auch am Tag. Hier haben sie die Chance, einer eventuellen Auseinandersetzung aus dem Weg zu gehen. Am sinnvollsten ist es natürlich, wenn bereits vorhandene Bäume und Sträucher genutzt werden können.

Tipp vom Profi

Ich habe in mehreren Ausläufen Johannisbeersträucher, die meine Hühner geradezu lieben. Selbstverständlich muss ich bei den reifen Beeren Abstriche im Ertrag hinnehmen, denn was die Hühner in Hüpfhöhe erreichen, wird natürlich geerntet.

Ein Blick zurück

Unzählige Funde aus historischen Zeiten beweisen, dass Hühner uns Menschen schon seit Urzeiten begleiten. Sie lebten im engsten Umfeld ihrer Besitzer, denn Wohnraum und Stall waren damals, wenn man von solchen Bezeichnungen überhaupt sprechen kann, eine Einheit. Auch später wurden die Hühner meistens in den Rinder- und Schweineställen gehalten, ohne dass ihnen dabei eine besondere Stelle, von einer artgerechten Einrichtung ganz zu schweigen, zugeteilt wurde.

Die ersten Hühnerställe waren demnach sehr primitive Unterkünfte, die dem Tier „Huhn" kaum gerecht wurden. Erst als die Bedeutung des Huhnes und seines Produktes, das Ei, mehr in den Vordergrund gerückt wurde, machte man sich Gedanken darüber, wie man die Leistung der Tiere steigern konnte. Dass dazu ein körperliches Wohlbefinden und Gesundheit an oberster Stelle stehen sollte, ist auch heute noch nachzuvollziehen. Will man dies erreichen, muss für die Hühner ein Stall zur Verfügung stehen, der durch artgerechte Bedingungen das Wohlbefinden der Hühner fördert.

Ländliche Idylle, wie man sie heute kaum mehr finden kann.

Wertvolle Ratgeber für die richtige Hühnerhaltung waren dann auch die aufkommenden Geflügelzuchtvereine Ende des 19. und Anfang des 20. Jahrhunderts. Durch Importe kamen damals auch neue Hühnerrassen nach Deutschland, die sich vor allem durch große Robustheit und für damalige Zeiten sehr gute Eierleistung auszeichneten.

In Notzeiten war die Hühnerhaltung gefragt und so hielt nach dem Ersten und Zweiten Weltkrieg fast jeder, der nur einen kleinen Platz zur Verfügung hatte, ein paar Hühner. Bekannte Rassen zu dieser Zeit waren Weiße Leghorn und rebhuhnfarbige Italiener, die geradezu zum Synonym für Hühner schlechthin wurden.

Mit der Industrialisierung der Landwirtschaft und dem damit verbundenen Aufkommen von Lege- beziehungsweise Masthybriden konnte die Landwirtschaft zum ersten Mal so viele Eier und Hühnerfleisch produzieren, wie von der Bevölkerung nachgefragt wurde. Die eigene Hühnerhaltung verlor an Attraktivität und brach im Grunde innerhalb weniger Jahre zusammen. Es war „in", würde man heute vielleicht sagen, Geflügelprodukte anonym aus dem Supermarkt zu beziehen. Dieses Verhalten wurde dabei größtenteils ohne Rücksicht auf das Tier „Huhn" gefördert. Ja, es wurde sogar propagiert, dass sich die Hühner in den engen Käfigen, in denen dem einzelnen Tier nicht einmal ein Platz von der Größe eines DIN-A4-Blattes zustand, wohlfühlen würden. Wenngleich wir die Hühner nicht fragen können, so kann man sich doch vorstellen, dass zu einem „tier"würdigen Leben mit Sicherheit mehr gehört als Fressen und Eierlegen.

Erst mit dem Aufkommen der Bio-Landwirtschaft und der Entstehung der entsprechenden Fachverbände stellte sich ein langsamer Umdenkungsprozess ein, der mit der Zeit auch von politischer Seite unterstützt wurde. Mit dem Verbot der Hennenhaltung in sogenannten Legebatterien und mehr Wissen zu den natürlichen Verhaltensweisen der Hühner traten alternative Haltungssysteme immer mehr in den Vordergrund, bei denen das Huhn wieder Huhn sein darf.

Frei von Tendenzen, weil von wirtschaftlichen Aspekten unabhängig, hat eine naturnahe Hühnerhaltung im kleinen Rahmen alle Unbilden der Zeit überdauert. Neben einer geringen Anzahl reiner Privathalter, die Hühner schon immer gehalten hatten, sammelte sich in den Geflügelzuchtvereinen eine große Personenzahl, die man im Hinblick auf eine artgerechte Hühnerhaltung ruhig als ernst zu nehmende Fachleute ansehen darf. Sie haben die Vorteile der privaten Hühnerhaltung schon lange erkannt. Denn neben dem Ei aus Freilandhaltung, das im Geschmack wohl unübertrefflich ist, waren sie sich schon sehr früh darüber bewusst, dass neben den Produkten auch der Freizeitwert der Hühnerhaltung nicht zu unterschätzen ist. In einer Zeit, in der beruflicher Stress und Hektik

Gut zu wissen

Ein großer Vorteil für die Produktivität war, dass es gelang, den Bruttrieb bei mehreren Hühnerrassen wegzuzüchten. So legten die Hühner erstmals wirklich höhere Stückzahlen an Eiern, weil sie nicht nach kurzer Zeit mit dem Legen wieder aufhörten, um sich dem Brutgeschäft zu widmen.

überall um sich greifen, entwickelte sich die Beschäftigung mit Tieren aller Art zu einer Betätigung in der freien Zeit mit wachsender Anerkennung in der Gesellschaft.

So finden immer mehr Menschen, die Entspannung und Erholung suchen, auch den Weg zu Hühnern. Denn diese, vielleicht auf den ersten Blick untypischen Heimtiere, haben sich längst einen sicheren Platz unter den Haustieren erobert.

Lebensmittelskandale und zunehmende Verstädterung tun ein Übriges dazu, dass sich immer mehr Menschen mit Hühnern ein Stück Landleben und Natur nach Hause holen.

Huhn ist nicht gleich Huhn

Menschen, die der Rassegeflügelzucht fern stehen, kennen vielleicht weiße, braune und schwarze Hühner, zumeist Legehybriden – Zwerghühner sind den wenigsten bekannt. Dabei gibt es kaum eine Tierart, die in ihrem Erscheinungsbild so unterschiedlich sein kann, wie eben die Hühner und deren Zwergformen.

Die einzelnen Rassen gibt es meistens in mehreren Gefiederfarben und -zeichnungen, sodass für wirklich jeden Geschmack etwas dabei ist. Doch nicht nur im Erscheinungsbild unterscheiden sich die Rassen, dies ist nur das augenfälligste Merkmal. Sie unterscheiden sich zum Teil grundlegend im Temperament, der Legeleistung und in ihrem Sozialverhalten.

Zugegeben, die Legeleistung der speziell darauf gezüchteten Hybriden ist schlicht und ergreifend spitze und vom züchterischen Standpunkt her hoch anzuerkennen. Doch die Individualität einer Rasse blieb dabei leider auf der Strecke. Gerade diese macht aber den Reiz von Hühnern und Zwerghühnern aus.

Je nach Ihren Anforderungen und Wünschen können Sie sich eine passende Rasse auswählen. Dass bei besonders extravaganten Hühnerrassen auch der Stall besonderen Anforderungen gerecht werden muss, weil sie für ein rassegerechtes Leben der Tiere unverzichtbar sind, versteht sich von selbst. Auch wenn für die meisten Vertreter der Gattung Huhn ziemlich ähnliche Voraussetzungen erfüllt sein müssen, ist es doch auch immer sinnvoll, sich mit erfahrenen Haltern einer bestimmten Rasse zu unterhalten, um Informationen und Tipps aus erster Hand zu erhalten.

Grundsätzlich sind die Rahmenbedingungen dafür, dass sich Hühner und Zwerghühner wohlfühlen, nicht besonders schwer zu erfüllen. Man sollte aber einige biologische Merkmale und Verhaltensweisen kennen, um manches verstehen und bei Stallbau und Auslaufgestaltung berücksichtigen zu können:

- Hühner besitzen ein sehr großes Gesichtsfeld und demnach einen sehr großen Sehwinkel.

Gut zu wissen

Im Deutschen Rassegeflügelstandard sind 101 Rassen großer Hühner und 92 Zwerghuhnrassen anerkannt und ausführlich beschrieben.

Wer Schutz sucht, ist mit der Platzwahl nicht besonders anspruchsvoll, wie diese kleine Familie demonstriert.

- Ihre Tiefenwahrnehmung ist nicht besonders ausgeprägt, dennoch können sie kleine bewegliche Objekte wie Würmer und Käfer sehr gezielt aufnehmen.
- Eine Ohrmuschel ist bei Hühnern wie bei allen Vögeln nicht ausgebildet. Davon unabhängig ist ihr Hörsinn sehr gut ausgeprägt. Da Hühner in Gemeinschaft leben, ist es ein Bestandteil ihres Verhaltens, selbst leiseste Töne wahrnehmen und einem bestimmten Individuum zuordnen zu können. Am markantesten deutlich wird dies beim Zwiegespräch zwischen Glucke und frisch geschlüpften Küken.
- Die übliche Körpertemperatur der Hühner liegt zwischen 40 und 43 °Celsius. Durch das Aufplustern des Gefieders und in einem geringen Umfang auch durch Hecheln sorgen sie dafür, dass es zu keiner gesundheitsbedrohlichen Absenkung oder Erhöhung ihrer Körpertemperatur kommt. Das bedeutet, dass Hühner recht gut mit den üblichen Temperaturschwankungen zurechtkommen. In einem entsprechend isolierten Stall bewegen sich die Temperaturen meistens in einem Rahmen, in dem die Hühner ihre körpereigenen „Notprogramme" kaum benötigen, was weniger Stress bedeutet und sich positiv auf ihr Wohlbefinden auswirkt.

Verständigung muss sein!

Hühner laufen laut gackernd und wie von Sinnen mit weit aufgerissenen Augen und Schnäbeln auseinander – dieses Bild aus Comics kennt wohl jeder. Wer allerdings daraus schließt, dass dies die einzigen Laute sind, die Hühner von sich geben, wird erstaunt feststellen, wie facettenreich die Verständigung zwischen Hühnern abläuft. Von leisesten Tönen, die wir kaum wahrnehmen, bis hin zum bereits beschriebenen Panikgackern. Wer einmal erlebt hat, wie zart und sanft die Glucke mit ihren Küken spricht, kann sich kaum vorstellen, dass es eben jene „Mama" ist, die sich nur wenige Minuten später einen lautstarken Disput mit einer Kollegin liefert. Dieses außergewöhnliche Hörvermögen bedeutet für den Halter aber auch, dass er mit seinen Tieren immer wieder sprechen sollte. Natürlich nicht laut und hektisch,

Wenn Sie sich mit Ihren Hühnern intensiv beschäftigen, werden sie schnell handzahm, dabei sind Leckerbissen ungemein förderlich …

Egal, wie groß die Hühnerfamilie ist, es wird den ganzen Tag miteinander „gesprochen".

sondern ruhig. Plötzliche, laute Geräusche sollte man vermeiden. Passieren sie dennoch, braucht man sich nicht zu wundern, wenn die Tiere panisch auseinanderrennen.

Was bedeutet diese Fähigkeit aber für den Stallbau und die Umgebung? Je vielfältiger die Lebensumwelt der Hühner gestaltet ist, desto vielfältiger erlebt man die Kommunikation der Tiere untereinander. Mit etwas Übung lernen Sie schnell, wie Ihre Hühner sich fühlen. Gehen Sie zum Stall, so ertönt ein vielstimmiges Gegacker in den vielfältigsten Tonlagen, gerade so, als wollten die Hennen Sie begrüßen. Entsprechend werden die Hühner erschrecken,

wenn jemand unvermittelt vor ihnen steht – auch wenn es der sonst bekannte Herr im Hause ist. Jetzt können Sie sich also vorstellen, was es für Hühner bedeutet, in einem tristen Umfeld leben zu müssen. Büsche, Sträucher und Bäume, aber auch jegliche sonstige Strukturierung des Auslaufes schaffen zusätzliche Anreize. Die Hühner hören etwas, vielleicht auch den Artgenossen hinter dem Strauch, und schauen nach, was dort ist. Dies sollten Sie sich immer vor Augen halten, wenn es darum geht, einen Hühnergarten anzulegen.

Gut zu wissen

Hühner stehen – was die Hörfähigkeit angeht – dem Hund ziemlich nahe. Man weiß heute, dass die Hühnersprache rund 30 verschiedene Laute umfasst und zum Teil völlig unterschiedlich verläuft.

Die richtige Stallgröße

Wer mit dem Gedanken spielt, einen Hühnerstall zu bauen, sucht nach bestimmten festen Größen und Erfahrungswerten, um keine Fehler zu machen oder sie von vornherein auszuschließen.

Die Frage der richtigen Größe eines Stalles ist dabei von besonderer Bedeutung. Dabei müsste sie eigentlich lauten: Wie viel Tiere kann oder will ich halten? Die Antwort darauf kann ganz verschieden ausfallen, je nachdem, ob ein bestehendes Gebäude genutzt werden oder ganz neu gebaut werden soll. Außerdem unterscheiden sich die Hühner der verschiedenen Rassen zum Teil in Größe, Gewicht und Temperament so gravierend, dass eine Pauschalisierung hinsichtlich der Stallgröße unmöglich ist.

Legt man eine reine Stallhaltung zugrunde, kommen Brahma mit einem Körpergewicht von fast fünf Kilogramm und ihrem ruhigen

Hühner- und Zwerghuhnrassen, die Besonderheiten am Stall brauchen

Rasse	Besonderheiten
Italiener, Zwerg-Italiener, Minorka, Zwerg-Minorka, Amerikanische Leghorn, Amerikanische Zwerg-Leghorn	Stalldämmung, da es sonst zu Erfrierungen an Kämmen und Kehllappen kommen kann.
Indische Kämpfer, Brahma, Cochin, Zwerg-Cochin, Seidenhühner, Zwerg-Seidenhühner, Siamesische Zwerg-Seidenhühner	Nieder angebrachte Sitzstangen und Legenester, da es sonst beim Abfliegen zu Verstauchungen kommen kann, bzw. die Rassen kaum fliegen.
Phönix, Zwerg-Phönix, Yokohama, Zwerg-Yokohama, Ohiki	Großer Abstand der Sitzstangen von Wand und Kotbrett, damit die langen Schwanzfedern nicht verschmutzen und abgestoßen werden.

Platzbedarf unterschiedlicher Hühner- und Zwerghuhnrassen

Durchschnittsangaben pro Quadratmeter		
Sehr große Rassen	Brahma, Cochin, Orpington …	bis 3 Tiere
Große Rassen	New Hampshire, Rhodeländer, Niederrheiner, Mastbroiler …	bis 4 Tiere
Leichte Rassen	Italiener, Vorwerkhühner, Ostfriesische Möwen, Hamburger …	bis 4 Tiere
Verzwergte Großrassen	Zwerg-Welsumer, Zwerg-Amrocks, Zwerg-Barnevelder, Zwerg-Wyandotten …	bis 5 Tiere
Leichte Zwerghuhnrassen	Zwerg-Lakenfelder, Zwerg-Hamburger, Federfüßige Zwerghühner, Zwerg-Cochin …	bis 6 Tiere
Sehr kleine Zwerghuhnrassen	Sebright, Antwerpener Bartzwerge, Chabo, Bantam …	bis 8 Tiere

Verteilen sich die Küken so gleichmäßig, fühlen sie sich rundum wohl.

Wesen mit relativ wenig Platz aus, flüchtigere, leichte Rassen benötigen etwas mehr.

Da für den Hobby-Hühnerhalter eine reine Stallhaltung, von wenigen, zeitlich begrenzten Ausnahmen abgesehen, nicht in Frage kommt, sind solche Überlegungen eher theoretisch und zweitrangig. Die Erfahrungen bei Züchtern können für die eigene Hühnerhaltung eine wichtige Entscheidungshilfe sein.

Berechnung der Stallfläche

Der Flächenberechnung legt man die Anzahl der Tiere pro Quadratmeter zugrunde:

- Bei den wirklich großen Hühnerrassen Brahma, Cochin, Jersey Giants usw. sind dies ungefähr drei,
- bei mittelschweren Rassen wie New Hampshire, Australorps etwa vier,
- für die leichteren Rassen wie Ostfriesische Möwen oder Hamburger kann man ebenfalls bis zu vier Tiere pro Quadratmeter rechnen, ohne einen Überbesatz befürchten zu müssen.

Bei Zwerghühnern, die sich in sogenannte Urzwerge und verzwergte Großrassen aufteilen, kann die Tierzahl pro Quadratmeter großzügiger bemessen werden.

Gut zu wissen

Besonders wer mit dem Gedanken spielt, ausgesprochene Zierhühner wie verschiedene Langschwanzhühnerrassen und deren Zwerge zu halten, tut gut daran, sich mit Züchtern zu unterhalten, um die speziellen Erfahrungen mit diesen Hühnern kennenzulernen und entsprechend verfahren zu können.

Die wirklichen Winzlinge unter den Zwerghühnern, Bantam, Sebright usw., können durchaus so gehalten werden, dass sich acht Tiere auf einem Quadratmeter sehr wohlfühlen und ihr rassetypisches Verhalten zeigen können.

- Bei den meisten verzwergten Rassen wie Zwerg-Wyandotten, Zwerg-Welsumer usw. rechnet man durchschnittlich fünf Tiere.

Diese Zahlen sollen als Anhaltspunkte verstanden werden, die ein zusätzliches Platzangebot im Hühnerauslauf, auch „Hühnergarten" genannt, mit berücksichtigen.

Nutzung eines bestehenden Gebäudes

Hühner stellen an ihre Unterbringung keine besonders hohen Anforderungen, sodass oft mit sehr wenig finanziellem und handwerklichem Aufwand ein Gebäude wie ein Gartenhaus, ehemaliger Hundezwinger oder auch nur eine größere Hundehütte zum geeigneten Heim für ein paar Hühner oder Zwerghühner werden kann.

Auf älteren Grundstücken findet man nicht selten noch einen ursprünglichen Hühnerstall, seit Jahrzehnten nicht mehr als solcher benutzt, der lediglich wieder belebt werden muss.

Bei all diesen Beispielen sind meistens die Außenwände unveränderbar, die optimalen Rahmenbedingungen wie bei einem Neubau hat man nicht. Aber beim Innenausbau kann man seiner Phantasie und seinen Möglichkeiten freien Lauf lassen. Trotz dieser Beschränkungen können sich die Hühner und Zwerghühner sehr wohl fühlen, denn man braucht keinesfalls eine „Hühnervilla", um den Bedürfnissen der Tiere gerecht zu werden.

Eher hat man den Eindruck, dass eine gewisse Natürlichkeit den Tieren sehr entgegenkommt und sich positiv von der möglichen Sterilität eines Neubaus abhebt.

Fertigstall

Gab es vor Jahrzehnten nur ein bis zwei Firmen, die Fertigställe angeboten haben, so hat sich dies inzwischen gravierend geändert. Vor allem in Heimwerkermärkten und im Gartenfachhandel werden verschiedenste Ställe angeboten, die einen einfachen Einstieg in die Hühnerhaltung bieten. Sie sind in der Regel aus Holz und stellen eine Komplettlösung, also inklusive vorgebauter Voliere, dar.

Vor dem Kauf sollte man dabei allerdings auf die Qualität des verwendeten Holzes genau achten. Oft sind die Materialien qualitativ so dürftig, dass eine längere Lebensdauer kaum gewährleistet ist. Aufgrund des sehr günstigen Preises dieser Ställe ist auch die Dicke des verwendeten Holzes kaum befriedigend.

Da man die Hühnerhaltung aber keinesfalls als eine kurze Laune betrachten sollte, muss man der Dauerhaftigkeit des Stalles schon besondere Aufmerksamkeit widmen. Ein weiterer Grund, von einem Fertigstall Abstand zu nehmen, kann die vorgegebene Größe sein, wenn sie nicht zu den örtlichen Gegebenheiten passt, weil der Stall entweder zu groß oder zu klein ist.

So sind Fertigställe für die meisten Halter auf Dauer kaum eine befriedigende Lösung, weil das Ziel, einen Stall zu haben, der den eigenen Ansprüchen und natürlich denen seiner Bewohner in idealer Weise entspricht, nicht erfüllt wird.

Wollen Sie sich dennoch für einen Fertigstall entscheiden, sollten Sie sich umsehen. Dabei ist es nicht immer einfach, an entsprechende Adressen zu gelangen, denn ein Hühnerstall ist kein Allerweltsprodukt. Wertvolle Hilfe sind landwirtschaftliche Wochenblätter und die Fachzeitschriften der Rassegeflügelzüchter. Überhaupt ist die Verbindung zum örtlichen Kleintier- oder Geflügelzuchtverein anzuraten. Hier bekommen Sie mit Sicherheit Tipps und Hinweise aus der Praxis.

Auch eine Gartenhütte kann zum Hühnerstall umgebaut werden.

Vom Kinderhaus zum Hühnerstall

Grundfläche gesamt: 4,00 m²
Stallfläche: 3,00 m²
Besonderheiten: Die ehemalige Terrasse des Kinderhauses wurde zum Kaltscharrraum umfunktioniert. Damit können die Hühner an regnerischen Tagen ins Freie, ohne die Grasnarbe im Auslauf zu stark zu strapazieren.

„Hühner waren schon immer ein Traum von mir". So bringt es eine junge Mutter auf den Punkt. „Doch bis zur Familiengründung

war daran nicht zu denken und auch danach war immer etwas los. Die Kinder sind nun aus dem Gröbsten heraus und wir konnten das Haus kaufen, in dem wir schon lange wohnen. Jetzt war es also an der Zeit, den Kindheitstraum zu verwirklichen.
Vor Jahren haben wir für die Kinder in einer Gartenecke ein kleines Spielhaus erstellt. Fensterläden und eine kleine Veranda gaben dem Haus ein besonders hübsches Aussehen. Nachdem die Kinder nicht mehr darin spielten, entschieden wir uns, es zum Hühnerstall umzugestalten.
Den Innenraum haben wir ganz klassisch genutzt. Also mit Kotbrett und darauf angebrachter

Sitzstange. Dort stehen auch der Futtertrog und die Tränke. Dieser eigentliche Hühnerstall wird auch mit einer Tiefstreu versehen. Zuerst wollten wir die bisherige Veranda ebenfalls mit einer Holzverschalung verkleiden und damit den eigentlichen Stall vergrößern. Nach Rücksprache mit einem erfahrenen Hühnerhalter haben wir uns dann doch entschieden, dies nicht zu tun. Wie die Fensteröffnungen haben wir auch die gesamte Veranda mit einem engmaschigen Drahtgeflecht verschlossen – sie wurde also zum Kaltscharrraum. In den Stall führt weiterhin die bisherige Holztür. Da wir in einem Wohngebiet leben, wo viele Katzen gehalten werden und wir sogar schon Verluste hinnehmen mussten, nutzen wir den Kaltscharrraum vor allem zu den Zeiten, wo wir weg sind. Aber auch an Regentagen bleiben sie auf der Veranda. Sonst würden sie nämlich unsere Grasnarbe auf Dauer zerstören. Zusätzlich zur großen Zugangstür haben wir noch einen kleinen Ausschlupf eingebaut. Von dort aus können unsere Zwerghühner dann in ihren direkten Auslauf, den wir in einer sonst nicht genutzten Ecke unseres Gartens angelegt haben. Sind wir dann auch im Garten, dürfen sie meistens raus und erhalten totalen Freilauf. Da kommen sie dann auch einmal rauf auf die Gartenbank, staubbaden unter dem Lavendel und verstecken sich hinter den Blumentöpfen.
Mein Kindheitstraum ist Wirklichkeit geworden."

Vom Schreiner gebaut

Eine Alternative zu Fertigställen ist ein in Ihrem Auftrag von einer Schreinerei gebauter Hühnerstall. Findet man dabei eine seriöse Werkstatt und bringt dort seine Wünsche vor, muss solch ein Stall nicht unbedingt sehr teuer sein. Er wird zwar mehr kosten als ein mit den gleichen Materialien selbst gebauter, weil die Arbeitszeit des Handwerkers bezahlt werden muss. Aber man kann sich sicher sein, dass eine exakte Verarbeitung die Regel ist und man deshalb sehr viel Freude an seinem Stall haben wird. Ein weiterer Vorteil ist, dass einem der Schreiner wertvolle Tipps und Anregungen geben kann, um diesen oder jenen Wunsch in der Ausführung zu optimieren.

Herausragend ist der Service, den die meisten Schreinereien bieten. Zum Beispiel übernehmen sie auch das Aufstellen des neuen Stalles am dafür vorgesehenen Platz. Man muss dann lediglich das Fundament beziehungsweise den Standplatz entsprechend vorbereiten. Sind die Seiten nicht zu lang, wird die Schreinerei die Wände wie bei einem Fertighaus komplett vorbereiten, sodass sie nur noch zusammengeschraubt werden müssen. Dies bringt eine immense Arbeitsersparnis beim Aufstellen mit sich und innerhalb eines Tages ist der Stall komplett nutzbar.

Ein solches Baukastensystem kann man selbstverständlich auch anwenden, wenn man den Stall selbst baut. Dabei werden die einzelnen Elemente mit entsprechend langen Schlossschrauben verbunden.

Kleinststall

Viele Hühnerhalter wollen ihre Tierhaltung in einem wirklich kleinen Rahmen betreiben. Sogenannte Kleinstställe sind hierfür eine Lösung, die sich für diesen Fall anbietet und trotzdem den Tieren entgegenkommt. Für die Haltung von zwei bis drei Hühnern oder auch eine Glucke sind solche Ställe ideal.

Diese Stallform hat meistens Nachteile für den Komfort des Halters, aber keinesfalls für die Stallbewohner:

- Kleinstställe können selten vollständig betreten werden, sondern durch eine kleinere Tür ist höchstens der gebückte Zugang möglich. Sie können aber auch so klein sein, dass jegliche Pflege- und Betreuungsarbeiten von außen getätigt werden müssen. Um die Kontrolle und Reinigung solcher Kleinstställe leicht durchführen zu können, ist es meistens sinnvoll, ein aufklappbares Dach einzuplanen. Seit geraumer Zeit werden diese Ställe mit einer passend gearbeiteten Kunststoffwanne im Bodenbereich angeboten. Dabei handelt es sich meistens um die in der Kaninchenzucht verwendeten Kotwannen. Wer sich einen solchen Stall selbst bauen will, kann diesbezüglich auf Standardmaße zurückgreifen. Es gibt aber auch Wannenhersteller, die nach Maß fertigen. Größer als 90 x 80 Zentimeter sollten sie aufgrund der Handlichkeit und des Gewichts nicht sein.

- Ihr Gewicht ist unter Umständen so gering, dass sie mit wenig körperlichem Aufwand regelmäßig an einen anderen Ort des Gartens gestellt werden können. In der Schweiz habe ich erstmals eine spezielle Mechanik kennengelernt. Dabei werden durch Umlegen eines Hebels die seitlichen Räder etwas nach unten gedrückt und der Stall angehoben. Damit kann der Stall, oftmals auch mit direkt angebautem Kleingehege, von einer Person spielend leicht versetzt werden. Für Menschen, die nur über wenig Platz verfügen, kann dies eine sinnvolle Lösung sein.
- Durch einen kleinen vorgebauten Auslauf wird zudem die Bodenvegetation unterhalb des Stalles gut geschützt.
- Die Innengestaltung eines Kleinstalles unterscheidet sich aber wegen des sehr begrenzten Raumes teilweise von größeren Ställen.

Klein, kleiner, am kleinsten – bewegliches Heim für eine Glucke samt Küken.

Beweglicher Stall

Auf sehr großen Grundstücken, in Obstbaumplantagen und Streuobstwiesen kann ebenfalls Hühnerhaltung betrieben werden. Da diese Grundstücke meistens etwas außerhalb der Gemeinde liegen, ist eine feste, dauerhafte Bebauung oft aus baurechtlichen Gründen nicht möglich. Hier sind bewegliche Ställe, zum Beispiel ein ausrangierter Bauwagen oder Schäferkarren, eine sinnvolle Alternative.

Der Innenausbau solcher Ställe erfolgt wie bei einem festen Stall mit dem Unterschied, dass die Materialien auch unter dem Gewichtsaspekt ausgewählt werden müssen. Denn spätestens, wenn der Stall auf ein anderes Grundstück gezogen werden muss, ist dies auch aus verkehrstechnischen Gründen von Belang. Das bedeutet, dass ein solcher Stall verkehrssicher sein muss, und zwar unabhängig davon, wie weit der Weg auf öffentlichen Straßen und Wegen ist. Wird der Stall hingegen auf dem Grundstück versetzt, spielt es keine Rolle.

Gut zu wissen

Bei Angriffen von Greifvögeln suchen die Hühner schnell Deckung, die sie entweder unter dem Wagen oder auch innen finden. Ein großer Eingang wie eine offene Tür ist deshalb besonders anzuraten. Sie kann abends abgeschlossen werden.

Dieser ausrangierte Wagen ist eine komfortable und gleichzeitig mobile Unterkunft für die Hühner.

Durch das Versetzen des Stalles ist zumeist ein bewegliches Zaunsystem nötig, um größere Flächen hühnersicher einzufrieden.

Absolute Priorität bei solchen beweglichen Hühnerställen ist die feste Verschließbarkeit bei Nacht, denn durch die abgeschiedene Lage ist die Gefahr von Raubwild sehr hoch und auch menschlicher Vandalismus nicht auszuschließen.

Offenfrontstall

In der gesamten Tierhaltung ist in den letzten Jahren eine Tendenz hin zu einer naturnahen Haltung festzustellen. Dies zeigt sich in der steigenden Anzahl sogenannter Offenfrontställe. Man versteht darunter einfach gebaute Ställe, die maximal auf drei Seiten geschlossen sind. Die Tiere sind so vor den Witterungsunbilden geschützt und erleben dennoch das Klima sehr deutlich. Eine besondere Abhärtung von in Offenfrontställen gehaltenen Tieren ist zweifelsfrei festzustellen.

Da Geflügel aber durch allerlei Raubzeug gefährdet ist, hat sich der Offenfrontstall-Gedanke in der Hühnerhaltung aus rein prak-

tischen Erwägungen heraus noch nicht durchgesetzt. Mit Wind-
schutznetzen, wie sie in der Rinder-, Schafe- und Pferdehaltung
nicht mehr wegzudenken sind, könnte sich dies aber ändern. Durch
die spezielle Maschenweite lassen die Netze zwar die Frischluft
in das Stallinnere, verhindern aber Zugluft, denn es findet eine
Verwirbelung der Luft direkt nach dem Eintritt statt. Stabilität und
damit Lebensdauer dieser Netze sind sehr hoch. Für Geflügel-Offen-
frontställe wären diese Windschutznetze eine überlegenswerte
Alternative anstelle einer massiv gestalteten Wand.

Werden die Hühner bereits in einem Offenfrontstall aufgezogen
oder kommen im Sommer in einen solchen Stall, gewöhnen sie sich
schnell an die Temperaturschwankungen und zeichnen sich durch
eine gesunde Konstitution aus.

Aber vor allem Hühnerrassen mit sehr großen Kämmen und
Kehllappen können bei dieser Haltungsform im Winter Probleme
mit Erfrierungen bekommen. Mit entsprechender Vaselinebehand-
lung kann dies zwar etwas gemildert werden, ein vollständiger
Schutz ist es aber nicht. Wer dennoch zu einem Offenfrontstall
tendiert, sollte bezüglich der Rassenwahl entsprechend agieren.
Klassische Beispiele dafür sind Rassen mit Rosenkamm, aber auch
mit Bärten usw.

Dass die Eierleistung allerdings im Herbst und Winter geringer
ausfällt als in einem geschlossenen Stall, der vielleicht sogar isoliert
ist, darf nicht verschwiegen werden, denn die Vögel leben unter
natürlicheren Licht- und Temperaturbedingungen.

Ebenfalls sind die Geräusche der Hühner besser zu hören. Vor
allem wer einen Hahn hält, wird dies deutlich merken.

Stallklima

Das Stallklima ist entscheidend wichtig für das Wohlbefinden der
Hühner. Nicht umsonst wird in der Wirtschaftsgeflügelzucht alles
unternommen, um das Stallklima möglichst optimal zu gestalten.
Mangelhafte Rahmenbedingungen sorgen dafür, dass die Leistungsfähigkeit der Hühner sehr schnell abnimmt und die Anfälligkeit
gegenüber gängigen Krankheiten um ein Vielfaches höher ist als bei
gutem Stallklima.

Die zum Teil immensen Aufwendungen in der Wirtschaftsgeflügelzucht können und brauchen in der privaten Hühnerhaltung
dafür nicht getätigt werden. Die Hühner haben in der Regel Freilauf, sodass sie genügend Sauerstoff erhalten. Nichtsdestotrotz
sollte durch einfache Maßnahmen das Stallklima bestmöglich
gestaltet werden. Die wichtigsten Faktoren sind dabei Trockenheit,
Licht und Luft.

Trockenheit

Genügende Trockenheit ist mit einem soliden Stall bereits gegeben. Wird dann noch ein Windfang angebracht und die Stellung
des Stalles so gewählt, dass kein Schlagwetter ins Innere gelangen
kann, sind alle Forderungen diesbezüglich erfüllt.

Gute Dämmung verhindert, dass sich schädliches Kondenswasser
bilden kann. Kalte Temperaturen sind nämlich nicht unbedingt das
Problem. Das werden sie erst, wenn Feuchtigkeit im Spiel ist. Diese
hat in der Regel massive Einwirkungen auf den Gesundheitszustand der Hühner.

Sonnenlicht

Ist es möglich, die Stallfront nach Süden oder Südosten auszurich-
ten, ist ein weiterer wichtiger Faktor erfüllt. Genügend große Fenster ermöglichen es, dass die Helligkeit der Sonne bis in den letzten
Winkel des Stalles reicht. Gerade dies darf man nicht unterschätzen, denn Tiere, die Sonneneinstrahlung erhalten, werden deutlich
weniger krank als solche in dunklen Ställen. Das alte Sprichwort in
der Tierhaltung drückt dies so aus: „Dort, wo die Sonne hinkommt,
ist der Tierarzt weit!"

Eine große Fensterfläche mit viel Sonneneinstrahlung ist ideal für das Wohlbefinden Ihres Geflügels.

Den Stall selbst bauen

Am besten werden alle Anforderungen an einen Hühnerstall durch einen Neubau erfüllt und wenn dies in Selbstbauweise geschieht, kann man die örtlichen Rahmenbedingungen in idealer Weise berücksichtigen. Wenn man einen für seine Rasse optimal ausgestalteten Stall bauen oder ganz einfach nicht das nötige Budget für einen Fertigstall aufbringen will oder kann, ist der Selbstbau von Vorteil.

Doch zuvor sind einige Überlegungen nötig. Zuerst werden Sie sich ehrlicherweise eingestehen müssen, dass Sie alleine wohl kaum einen Stallbau bewältigen können. Selbst wenn man sich selber viel zutraut, braucht man zumindest einen Helfer für die größeren Arbeiten oder einfach nur zum Halten größerer Bauteile. Dazu kommt eine erhebliche Anzahl passender Werkzeuge, die man von der Gründung bis hin zur Dacheindeckung benötigt.

Die vielfältigen und sehr unterschiedlichen Arbeiten lassen sich zur vollsten Zufriedenheit nur mit dem richtigen Werkzeug erledigen. Mit Hammer, Beißzange und Bohrmaschine kommt man nicht weit, will man später keine bösen Überraschungen erleben.

Dennoch entstehen die meisten Hühnerställe in Selbstbauweise. Zum einen kann man mit etwas handwerklichem Geschick sehr viel erreichen und zum anderen wächst man bekannterweise an seinen Aufgaben. Für viele Bauanfänger liegt das Hauptproblem meistens darin, dass sie nicht genau wissen, wie die Vorgehensweise beim Bauablauf ist. Sobald Sie aber einen klaren Plan über die einzelnen Schritte, das Material und das Werkzeug dazu haben, können Sie getrost ans Werk gehen. Es sind Baumaterialien auf dem Markt, die sich auch vom weniger Geübten gut handhaben lassen.

Gut zu wissen

Sehr viele Fachmärkte bieten Kurse für Heimwerker an, die man ohne Einschränkung auch nutzen kann, wenn man einen Hühnerstall bauen will. Hier können Sie unter Anleitung Erfahrungen mit verschiedenen Materialien machen und später bei Ihrem Stallprojekt anwenden.

Hühnerhalter, die in einem Geflügel- oder Kleintierzuchtverein Mitglied sind, erhalten praktisch immer Mithilfe in Rat und Tat von Vereinskollegen. Daneben basieren die Anleitungen und Beispiele dieses Buches auf praktischen Erfahrungen von Hühnerhaltern und -züchtern.

Für die einzelnen Bauabschnitte ist es auf jeden Fall sinnvoll, sich einen Ablaufplan zu erstellen. Entsprechende Materiallisten mit den benötigten Mengen schaffen eine größere Planungssicherheit und schützen vor bösen Überraschungen beim Bau.

Standort

Grundsätzlich sind die vorhandene Freifläche und die Lage eines Grundstückes für die Standortwahl des zukünftigen Hühnerstalles entscheidend. Daneben fließen nachbarschafts- und baurechtliche Vorgaben wie Grenzabstände oder der persönliche Wunsch, den Hühnerstall in einer ganz bestimmten Ecke des Gartens zu haben, in die Standortwahl maßgeblich ein. Bei allen Vorplanungen muss man sich unbedingt vor Augen führen, dass Hühner keine Tiere sind, die im Haus gehalten werden. Trotzdem müssen sie jeden Tag, bei jeder Witterung, selbst im tiefsten Winter und bei stürmischem Regen versorgt werden. Schon ein zu langer Weg vom Wohnhaus kann dann auf Dauer zum Ärgernis werden.

Das allerwichtigste Kriterium bei der Standortwahl ist aber mit Sicherheit die genügende Sonneneinstrahlung. Vor allem im zeitigen Frühjahr, späten Herbst und im Winter ist man für jeden Sonnenstrahl dankbar, der den Hühnerstall erwärmt, denn feuchte Kälte ist den Hühnern alles andere als zuträglich und macht sie auf Dauer krank. Der Vorfahr unserer Hühner, das wilde Bankivahuhn, stammt aus dem tropischen Urwald Südostasiens und kommt deshalb mit warmen Temperaturen besser zurecht.

Aber auch zu hohe Temperaturen machen den Hühnern zu schaffen. Wer die Wahl hat, sollte demnach den Stall so stellen, dass umgebende Bäume im Hochsommer genügend Schatten spenden. Durch die Pflanzung eines Baumes können Sie für die kommenden Jahre vorsorgen.

Im Idealfall sollte die Stellung des Stalles so gewählt werden, dass die Fensteröffnungen nach Süden oder Südosten zeigen. Damit erreicht man die größtmögliche Sonneneinstrahlung und somit auch Helligkeit im Stall während des Jahreslaufes.

Neben dem allgemeinen Wohlbefinden der Hühner sind Faktoren wie die richtigen Lichtverhältnisse auch für die Legeleistung wichtig. In der landwirtschaftlichen Hühnerhaltung werden die Ställe in einem bestimmten Rhythmus beleuchtet, um die Legephase auszudehnen und die Leistung zu erhöhen.

Einige Bäume im Hühnerauslauf spenden willkommenen Schatten.

Ausmessen und vorbereiten

Im seltensten Fall wird die Stelle, an der der zukünftige Hühnerstall stehen soll, vollkommen eben sein. Sind die Bodenwellen nur
gering, braucht man sich keine größeren Gedanken zu machen. An
einem leichten Hang müssen die Voraussetzungen für den Hühnerstall dagegen ganz anders geschaffen werden.

Schritt für Schritt

- Im Normalfall messen Sie den vorgesehenen Platz mit einem
  Meterstab grob ein und markieren sich einen festen Punkt. Von
  hier aus gehen Sie im rechten Winkel (90°) zu den anderen
  Eckpunkten und schlagen dort ebenfalls einen Holzpflock oder
  Metallstab in die Erde. Dann können die Grabungsarbeiten für
  das Fundament beginnen.
- Spätestens wenn dieses aber ausgegraben ist, müssen Sie noch-
  mals ausmessen und weitere Stäbe, meist Metallstäbe, hinter
  den Fundamentecken einschlagen. An ihnen binden Sie die
  Richtschnur an und führen sie waagerecht von Eckpunkt zu Eckpunkt. Dazu sollten Sie mit einer Wasserwaage arbeiten.
- Ist dies geschehen, können Sie die endgültige Fundamenthöhe
  festlegen. Oft fällt in diesem Moment auch die Unebenheit des
  Geländes das erste Mal so richtig ins Auge. Wer bezüglich der
  eventuell vorhandenen Unebenheiten bereits im Vorfeld Klar-
  heit haben möchte, wie hoch der Ausgleich sein muss, sollte mit

einem Nivelliergerät das Gelände einmessen. Unter Umständen kann dann durch Abgraben die Fundamenthöhe beziehungsweise die Materialmenge beeinflusst werden. Da man in aller Regel nicht über ein solches Gerät verfügt, sollte man mit einer Bau- oder Vermessungsfirma Kontakt aufnehmen. Hier bekommt man mit Sicherheit die nötige Unterstützung.
• Das Fundament sollte mindestens 10 bis 20 Zentimeter über das umgebende Erdreich hinausragen, damit selbst bei starken Regenfällen kein Wasser in das Stallinnere laufen kann.

Fundament

Gut zu wissen

In unserem mitteleuropäischen Klima hat sich, damit das Fundament frostfrei steht, eine Tiefe von 80 bis 100 Zentimetern bewährt.

Ställe, die an einem bestimmten Ort auf Dauer geplant sind, benötigen ein Fundament. Darunter versteht man einen Betonsockel, der unter dem gesamten Stall verläuft. Damit selbst bei tiefsten Temperaturen eine absolute Standfestigkeit gegeben ist und keine Frostrisse auftreten, gründet man ein Fundament absolut frostsicher. Dazu muss es so tief in den Boden eingegraben sein, dass es im unteren Bereich frostfrei steht.

Ausschachten

Bevor das eigentliche Fundament eingebracht werden kann, muss der Bodengrund zuvor ausgeschachtet werden. Dies kann, je nach Bodenbeschaffenheit, recht anstrengend sein und auch einige Zeit beanspruchen. Geschieht das Ausschachten von Hand, sind dazu Spaten und Schaufel zu empfehlen. Der Graben sollte in Fundamentbreite mindestens 30 Zentimeter betragen, damit man mit der Schaufel ohne Probleme darin arbeiten und die Erde leicht herausheben kann.

Wem das Ausschachten von Hand zu aufwendig und anstrengend erscheint, kann diese Arbeit auch mit einem Minibagger erledigen, den man in den meisten Baumärkten und Maschinenringen recht günstig leihen kann. Die Bedienung eines solchen Kleinbaggers ist recht einfach und nach einer kurzen Einführung durch das Fachpersonal auch für Ungeübte zu bewältigen. Verwendet man einen Minibagger, ergibt sich aus dessen Schaufelbreite die Fundamentbreite, die erfahrungsgemäß bei reichlich 30 Zentimetern liegt. Da normalerweise mehrere Minibagger im Verleih zur Verfügung stehen, tut man gut daran, sich im Voraus zu vergewissern, welche Breite er haben darf, damit er auch auf das Grundstück gelangen kann. Die kleinste Ausführung, meist mit Vollgummiketten, ist am ehesten zu empfehlen. Er ist so schmal, dass selbst normal breite Wege damit befahren werden können. Durch die Vollgummiketten kann man sogar einzelne Treppenstufen befahren, ohne Schäden anzurichten.

Schalen

Während das Erdreich die Schalung für das unter der Erdkante liegende Fundament bildet, muss man oberhalb eine Schalung anbringen. Dazu verwendet man spezielle Schaltafeln, wie sie im Baustoffhandel erhältlich sind. Auch genügend stabile Bretter erfüllen den gleichen Zweck. Darüber hinaus benötigt man einige Holzspieße und -latten, um die Schalungsbretter nach außen zu fixieren.

Da sich die Fundamenthöhe aus dem umgebenden Geländeniveau ergibt, ist es sinnvoll und für Anfänger auch wesentlich einfacher, wenn die Schaltafeln oder -bretter nicht allzu hoch sind. Auf ebenem Gelände genügt in der Regel eine Fundamenthöhe von 25 Zentimetern, sodass die Schalung nicht wesentlich höher als 30 Zentimeter zu sein braucht. Durch das Austarieren der richtigen Fundamenthöhe mit Richtschnur und Wasserwaage ist eine exakte Höhe der Schalung nicht wichtig.

Als nächsten Schritt muss man das Fundament verwahren, indem man Baustahl einbringt. Allzu viel ist nicht nötig, denn die Belastung des Fundamentes ist nicht besonders groß. Ein solches ideales Fundament für Hühnerställe wird allerdings in den seltensten Fällen hergestellt. Vor allem bei der Gründungstiefe sind die „Bauherren" etwas nachlässiger und hören bei etwa 40 Zentimetern auf zu graben, meist sogar, ohne dass später Baumängel auftreten. Eine absolute Frostsicherheit ist aber so nicht gegeben.

Da die bisher beschriebene Weise, die Schalung richtig auszuführen, zeitaufwendig ist und einiges an Erfahrung erfordert, können alternativ Stellplatten verwendet werden, die es in Höhen von 20, 25 und 30 Zentimetern gibt. Sie werden auf das bereits gegossene unterirdische, noch feuchte Fundament gestellt und mit feuchtkrümeligem Beton beidseitig angehäuft. Stellplatten haben den entscheidenden Vorteil, dass sie mit Wasserwaage und Gummihammer sehr einfach „ins Wasser" gebracht werden können.

Bei einer Stellplattenbreite von sechs bis acht Zentimetern können diese mit wenig Aufwand transportiert werden. Die Länge der Platten beträgt einen Meter, sodass man sich bei der Planung seines Hühnerstalles auf dieses Maß einstellen sollte, will man mit den Stellplatten arbeiten. Sonst müssen sie mit einer Stein-Trennscheibe auf die passende Länge eingekürzt werden.

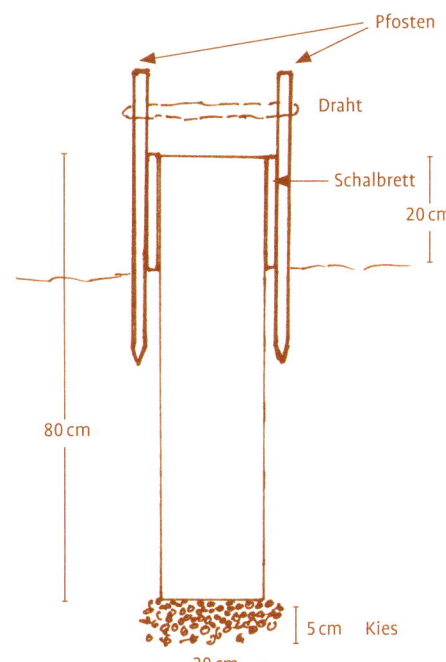

Aufbau einer Schalung für ein Fundament, das auf Frosttiefe gegründet ist.

Alles unter einem Dach

Grundfläche gesamt: 2,50 m²
Stallfläche: 1,25 m²
Besonderheiten: Das Legenest lässt sich von außen kontrollieren. Der Raum unter dem Stall kann genutzt werden.

Eines Tages stand ein kleiner Junge mit seinen Eltern bei mir vor der Haustür und fragte mich allerhand zur Hühnerhaltung. Nachdem sein Bruder bereits Kaninchen hatte, wollte er sich Zwerghühner zulegen. „Weil mir Hühner gefallen!", sagte er. Da die Familie in einem Wohngebiet mit nicht allzu großem Garten lebt, machte sie sich auf die Suche nach dem idealen Stall. Als wir uns einige Zeit über die Ansprüche von Hühnern unterhalten hatten, erklärte sich der Vater bereit, einen Stall selbst zu bauen.

Neben den Anforderungen der bald einziehenden Zwerghühner wollte die Familie aber auch ihre eigenen Wünsche berücksichtigt wissen. So brachten sie es auf einen Nenner: Durch den kleinen Garten sollte der Stall nicht zu groß sein und mit einem Auslauf kombiniert werden, damit die Hühnchen nicht den ganzen Tag im Garten umherlaufen. Der Stall selbst liegt etwas höher, was den Vorteil hat, dass „er in angenehmer Arbeitshöhe zu reinigen ist und der Raum darunter im Auslauf zusätzlich zur Verfügung steht", erklärte mir der Erbauer, und durch das außen liegende Nest könnten die anfallenden Eier einfach entnommen werden. Obwohl zuerst ein weitmaschiges Drahtgeflecht für den Auslauf vorgesehen war, entschied sich die Familie dann doch für ein engmaschigeres, sodass garantiert keine Vögel oder Raubwild hineingelangen können: „Damit können wir die Tiere auch einmal zwei Tage alleine lassen, ohne dass wir Angst haben müssen um ihr Leben."

Sehr ausführliche Gedanken hatte sich die Familie um die richtige Bodenbeschaffenheit im Auslauf gemacht. Zum einen sollten die Hühnchen scharren können, aber der Belag sollte auch leicht zu reinigen sein. So wurde das ursprüngliche Erdreich zirka 40 Zentimeter tief ausgegraben und anschließend eine Kies- mit darauf liegender Sandschicht eingebracht.

Stall und Auslauf haben ein festes, gemeinsames Dach, das über dem Auslauf nicht unbedingt nötig wäre, denn dieser darf ruhig nass werden. Bei vollständiger Überdachung ist es aber möglich, die Hühner auch ins Freie zu lassen, wenn sogenannte Stallhaltungspflicht aus tierseuchenrechtlichen Gründen verhängt wurde.

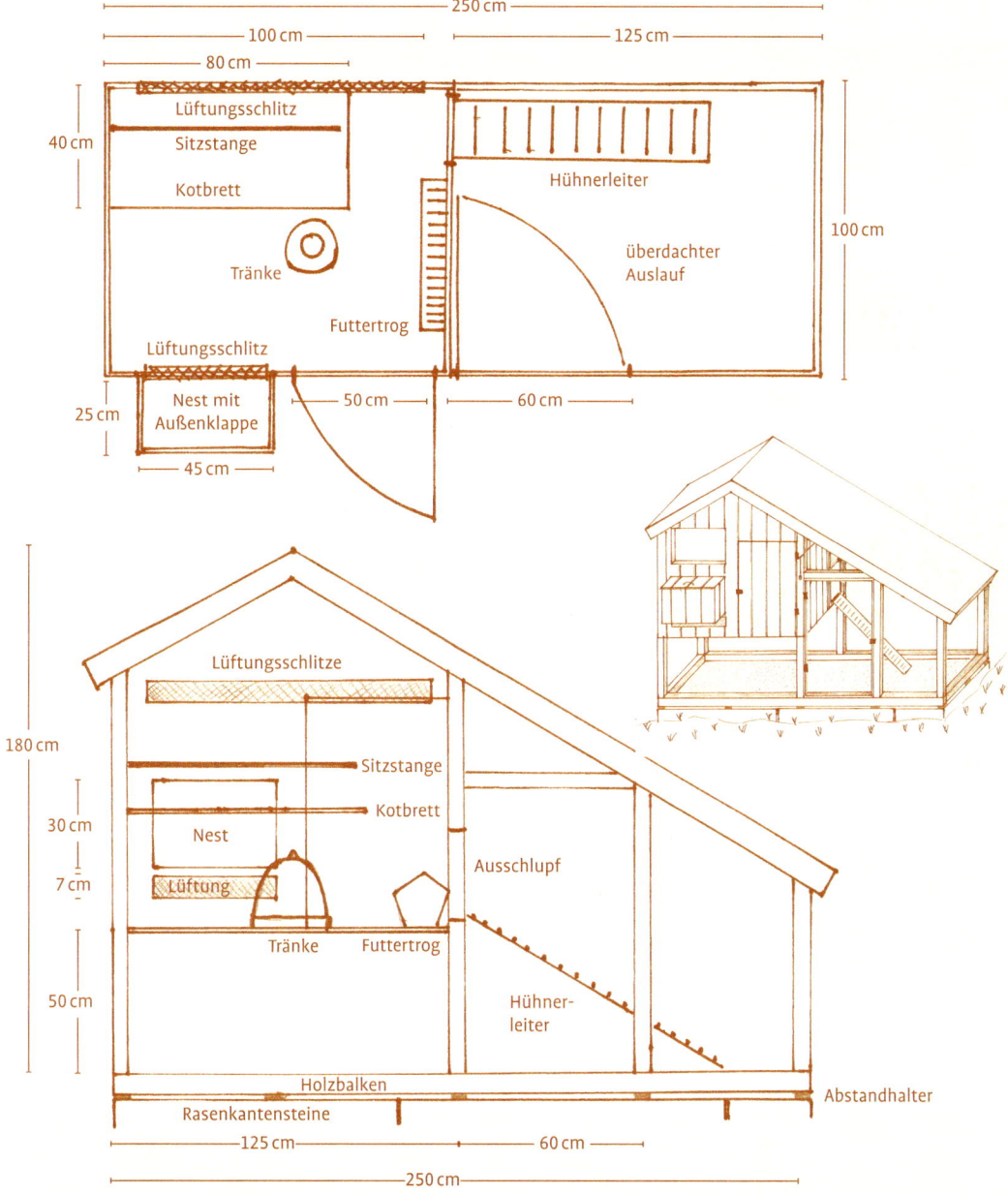

Links: Mit einer gespannten Schnur als Richtlinie können Sie das Fundament exakt ausgraben. Mitte: Setzen Sie die Stellplatten in eine Betonschicht. Rechts: Vor allem an den Stößen der Stellplatten sollten Sie zur Stabilität mehr Beton anhäufen.

Betonieren

Ausgegossen werden die verschalten Fundamente sowohl unter- als auch oberirdisch mit Beton. Aufgrund der geringen Menge, die man für einen normal großen Hühnerstall braucht, wird man selten Fertigbeton kommen lassen, sondern ihn selbst mischen. Dazu verwendet man ein Sand-Kiesgemisch in der Körnung 0-16 und Zement. Diese beiden Komponenten werden im Verhältnis von 3:1 bis 4:1 gut durchgemischt und anschließend mit Wasser vermengt. Bei sehr geringen Mengen kann dies in einer Schubkarre oder auf einem befestigten Boden geschehen. Am leichtesten geht es natürlich mit einem kleinen Betonmischer, der an eine übliche Steckdose angeschlossen werden kann und keinen Starkstrom braucht.

Fertigbeton ist sehr feucht und regelrecht fließfähig, bedingt durch den Transport im Betonmischer und das Auswerfen. Von Hand angemachter Beton ist in aller Regel viel trockener. Er trocknet dadurch wesentlich schneller aus. Trotzdem sollten Sie ihn am besten mit einem Metallstab dicht einstampfen. Damit werden Hohlräume im Fundament vermieden, was der Stabilität sehr dienlich ist. Auch einen professioneller „Rüttler" können Sie mieten, wenngleich dies bei solch kleinen Betonarbeiten kaum einmal nötig ist.

Wer sich entscheidet, Stellplatten zu verwenden, sollte den Beton nur erdfeucht anmischen. Auf den ersten Blick könnte man meinen, dass er nicht die nötige Festigkeit bekommt, was aber täuscht. Er hat bereits in diesem Zustand eine hohe Standfestigkeit und gibt den Stellplatten schon da genügend Stütze.

Streifen- und Punktfundament

Alternativ zu solch festen Fundamenten werden für Hühnerställe auch bewegliche Streifenfundamente benutzt. Auf einer Mineralbetonschicht, die zirka 20 Zentimeter tief in den Boden reichen sollte, legt man diese einfach auf und verwendet im Regelfall dazu handelsübliche Fensterstürze. Sie sind stabil genug und haben eine Metallverwahrung. Als Nachteil ist zu sehen, dass sie nur etwa zehn Zentimeter hoch und deshalb für unebenes Gelände kaum geeignet sind, weil Geländeunebenheiten so gut wie nicht ausgeglichen werden können.

Auf unebenem Gelände kommt man mit Punktfundamenten besser zum Ziel. Auch sie werden im Baustoffhandel angeboten und werden gleich wie Streifenfundamente auf einer Mineralbetonschicht gelagert. Damit können Unebenheiten von bis zu 40 Zentimetern ausgeglichen werden, sodass darauf auch Ställe in leichter Hanglage gebaut werden können.

Eine Abwandlung eines Punktfundamentes wird vor allem dann angewandt, wenn der Stall an einem Hang gebaut wird und ein großer Höhenunterschied ausgeglichen werden muss. Dazu werden normalerweise Abwasserrohre mit einem Durchmesser von zirka 20 Zentimetern etwa 50 Zentimeter tief in den Boden eingegraben und anschließend mit Beton aufgefüllt. Durch diese Vorgehensweise kann man sich die umständlichen Schalungsarbeiten sparen.

Bodenplatte

Soll die Fläche unter dem eigentlichen Stall den Hühnern zur Verfügung gestellt werden, wie es beispielsweise durch den darunter entstehenden Raum bei einem Punktfundament möglich ist, belässt man im Normalfall die natürliche Bodenbeschaffenheit.

Bei einem herkömmlichen Fundament, das entweder durch eine Schalung oder mit Stellplatten gemacht wurde, sollte unter den Stall eine massive Bodenplatte kommen. So wird dem eigentlichen Stallboden ein kompakter Untergrund geboten und es kann sich kein Ungeziefer, vor allem Mäuse und Ratten, darunter einnisten. Dies ist der entscheidende Vorteil, denn haben sich diese Tiere erst einmal etabliert, ist die Bekämpfung ein großes und dauerhaftes Problem.

Entscheiden Sie sich für eine Bodenplatte, sollten Sie folgende Vorgehensweise beachten:

- Innerhalb des über der Erde ragenden Fundamentes bringen Sie als unterste Schicht zirka 10 Zentimeter Mineralbeton – die sogenannte Sauberkeitsschicht – auf das gewachsene Erdreich ein.
- Darauf legen Sie eine Folie flächig aus. Jetzt wird der Beton eingebracht, der im gleichen Verhältnis wie für das Fundament hergestellt wird.

Hinweis

Die stabilste und häufigste Ausführung für einen Stall ist ein mit dem Boden dauerhaft verbundenes Fundament. Der Stall ruht vollständig darauf und hat eine feste Gründung. Alle anderen Fundamentarten sind zwar einfacher zu erstellen, doch liegt der Stall nur punktuell auf. Bei genügender Fundamenthöhe kann es dann aber als Vorteil angesehen werden, dass unter dem Stall Raum bleibt, der gestaltet und für die Hühner zugänglich gemacht werden kann.

- Die gesamte Betonbodenplatte wird etwa zehn bis 15 Zentimeter dick, wobei etwa in der Hälfte der Höhe eine Baustahlmatte eingelegt werden sollte. Diese verhindert, dass die Betonplatte später Risse bekommt.
- Haben Sie das Fundament exakt auf die gleiche Höhe gebracht, ist das Glätten der Bodenplatte kein Problem. Mit einem stabilen Holzbrett oder einem Richtbrett aus Aluminium können Sie es auf dem Fundament abziehen. Darunter versteht man das Auflegen der Latte auf die beiden gegenüberliegenden Fundamente, die dann gleichmäßig hin und her gerückt wird.
- Bei dieser Arbeit sollte man unbedingt zu zweit sein, um die Bodenplatte möglichst zügig und an einem Stück betonieren zu können. Vor allem bei sehr warmem Wetter muss man darauf achten, dass sie nicht zu schnell trocknet, weil sich sonst Trocknungsrisse bilden können. Dann kann es nötig sein, die Bodenplatte etwas mit Wasser zu besprenkeln.
- Wird auf die Bodenplatte der eigentliche Stallboden aufgebracht, brauchen Sie sich um absolute Geschlossenheit keine Gedanken machen. Andernfalls müssen Sie dafür sorgen, dass er absolut glatt ist. Dazu bearbeiten Sie die Oberfläche Stück für Stück mit einer sogenannten Reibescheibe, der Beton darf allerdings nicht zu feucht sein. Sonst ist es sinnvoller, noch etwas zu warten. Ist der Beton schon recht gut abgetrocknet, tauchen Sie zur Bearbeitung das Reibebrett immer wieder in Wasser.

Verschiedene Wandkonstruktionen

Die gängigsten Wandkonstruktionen sind die gemauerte Massivwand und die Holzständerkonstruktion. Beide haben ihre Vor- und Nachteile und lassen sich nicht direkt miteinander vergleichen. Allgemein gilt die Holzständerkonstruktion als einfacher in der Ausführung, sodass sie von den meisten Stallbauern angewendet wird.

Beide Varianten werden hier vorgestellt. Bei Wandkonstruktionen sollte außerdem im Voraus klar sein, welche Dachform später darauf gestellt werden soll, denn dies bestimmt die Höhen der einzelnen Wände.

Gut zu wissen

Üblich ist eine Wandstärke von 24 Zentimetern. Sie genügt bei einem üblichen Dachaufbau auch den statischen Anforderungen für einen Hühnerstall.

Mauerwerk

Der Fachhandel bietet eine umfangreiche Auswahl an verschiedensten Baumaterialien für Mauerwerk an. Am gängigsten sind Kalksandsteine, Bimssteine oder auch Hohllochsteine, die es in verschiedenen Höhen und Stärken gibt.

Die Steine werden in Mörtel gesetzt, den man am besten als Sackware im Fachhandel bezieht. Er ist zwar etwas teurer als selbst gemischter Mörtel, seine Vorzüge liegen jedoch in der Gleichmäßigkeit des Materials und der besseren Verarbeitbarkeit.

Die einzelnen Steine werden möglichst waagerecht auf das Fundament gesetzt, wobei die nächste Reihe im Versatz gesetzt werden muss, um keine durchgehenden vertikalen Fugen zu erhalten, die die Statik der Mauer stören. Beim Mauern ist neben der waagerechten Horizontalen immer auch darauf zu achten, dass die einzelnen Steinreihen vertikal im Lot sind. Unter Umständen können kleine Holzkeile, die unter die Steine geschoben werden, hier sehr hilfreich sein.

Eine Alternative zum Mauerbau sind Betonschalungssteine. Sie gibt es in geschliffener Ausführung, sodass sie einfach wie ein Baukastensystem aufeinander gestellt werden können. Die geschliffenen Steine sind zwar etwas teurer, man braucht sich aber um die Korrektheit der Wand keine Gedanken machen. Bei den ungeschliffenen Schalungssteinen sollte man immer wieder mit der Wasserwaage kontrollieren, ob alles im Lot ist. Die Verarbeitung der Schalungssteine ist denkbar einfach. Man stellt drei Steinreihen aufeinander und füllt sie mit Beton aus. Die Füllung der obersten Steine sollte aber bis maximal rund sieben Zentimeter zur Oberkante erfolgen, sodass eine stabile Verbindung zu den nächsten Steinreihen erfolgt. Diese werden nämlich erst am nächsten Tag aufgeschichtet, wenn die untere Betonmenge schon etwas gefestigt ist. Eingelegte Stabeisen, und zwar sowohl vertikal als auch horizontal, sorgen für zusätzliche Stabilität und verbindet die Steinreihen. Mit Betonschalungssteinen erreicht man eine sehr massive und stabile Wandkonstruktion.

Die im Wohnbereich gern verwendeten Gasbetonsteine (Ytong) können jederzeit auch für den Hühnerstall genommen werden. Sie sind leicht, einfach zu verarbeiten und können selbst mit einem gewöhnlichen Fuchsschwanz gesägt werden. Verbunden werden die Steine mit einem speziellen Gasbetonstein-Kleber, den der Fachhandel bereithält.

Um das Mauerwerk dauerhaft zu schützen, muss es sowohl innen als auch außen verputzt werden. Im Außenbereich geschieht dies in der Regel mit einem Rauputz, der fertig in Eimern zu beziehen ist. Aufgebracht wird er mit einer Glättungsscheibe, und dies ist auch für den Ungeübten nicht schwierig. Entweder der Putz ist schon in der gewünschten Farbe getönt oder man wird den abgetrockneten Putz zweimal mit einer guten Fassadenfarbe streichen.

Im Innenbereich hat sich ein Zementhaftputz bewährt. Üblicher Kalkzementputz ist nicht so hart und kann unter Umständen Schäden bekommen, wenn Hühner daran picken. Beim Zementhaftputz ist dies nicht der Fall. In der Verarbeitung gleichen sich beide. Der Innenputz wird ebenfalls mit der Glättungsscheibe aufgebracht,

Nicht vergessen

Wer sich entschließt, ein Mauerwerk zu erstellen, muss sich bereits im Vorfeld darüber klar sein, wo Öffnungen für Fenster, Lüftung und Türen vorgesehen werden müssen. Ein nachträgliches Anbringen von Öffnungen ist sehr arbeits- und zeitintensiv und es kann die Statik der Wand entscheidend stören.

wobei darauf zu achten ist, dass die Wand gleichmäßig verputzt wird. Hierzu ist schon etwas an Erfahrung nötig. Holen Sie sich entweder Hilfe oder üben Sie an einer Stelle, die nicht sofort ins Auge fällt. Die Wasserwaage sollte aber immer wieder zur Hand genommen werden. Achten Sie darauf, immer nur kleine Mengen anzumischen und diese nach und nach zu verarbeiten. Der richtige Wasseranteil wird auf den Säcken angegeben.

Holzständerkonstruktion

Für Holzständerwände verwendet man vierkantige Holzbalken in unterschiedlicher Stärke. Bei sehr kleinen Ställen genügt eine Balkenstärke von zirka 6×6 Zentimetern, für größere sollten es 10×10 Zentimeter sein.

Eine bewährte Vorgehensweise ist, als Grundlage ringsum auf das Fundament je einen Holzbalken zu schrauben. Dabei wird mit einem Holz-Stein-Bohrer durch das Holz in das Fundament gebohrt, in das Fundament ein Dübel eingebracht und anschließend eine genügend lange Schraube durch das Holz in das Fundament eingedreht. Bei 10 Zentimeter dicken Holzbalken sollten die Schrauben etwa 16 Zentimeter lang sein, um genügend Halt zu gewährleisten. Der Abstand von Schraube zu Schraube sollte 60 Zentimeter nicht überschreiten, weil auf diesen Grundhölzern (Grundpfetten) die weitere Wandkonstruktion aufgebaut wird.

Während früher die vertikalen Balken durch einen Zapfen mit den Grundpfetten verbunden wurden, geschieht dies heute in der Regel mit Lochmetallwinkeln und Lochmetallplatten. Diese Verbinder sind recht günstig und leicht zu verarbeiten. Sie werden entweder verschraubt oder genagelt.

Die Abstände der vertikalen Balken können bis zu einem Meter betragen. Hier sollte man sich an seinen Stallmaßen orientieren und entsprechend passend einteilen. Dabei ist es durchaus sinnvoll, die Balken für eingeplante Fenster und Türen gleich im passenden Abstand zu stellen. So hat man später keinen zusätzlichen Aufwand und eine stabile Konstruktion. In einer Höhe von zirka einem

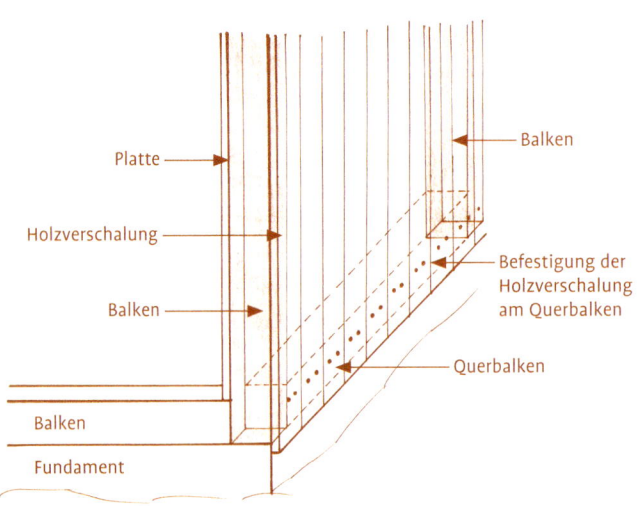

Platte

Holzverschalung

Balken

Balken

Fundament

Balken

Befestigung der Holzverschalung am Querbalken

Querbalken

Verschalung einer Holzständerkonstruktion. Die Zwischenräume können mit Dämmmaterial ausgefüllt werden.

Meter sind horizontale Riegel einzuplanen. Auch sie werden mit Metallwinkeln befestigt, können aber zusätzlich noch mit den vertikalen Balken verschraubt werden.

Wie bei den Grundpfetten wird nach Erreichen der gewünschten Stallhöhe oben ein weiterer Balkenkranz angebracht, sodass die vertikalen Balken unten und oben wiederum durch Balken stabilisiert werden. Diagonal angebrachte Streben zwischen den Riegeln bringen weitere Stabilität. Sie werden von den unteren Stallecken aus diagonal nach oben geführt.

Vor dem Bau ist es sinnvoll, eine Holzstückliste anzufertigen, die möglichst alle benötigten Holzbalkenlängen enthalten sollte. Im Fachhandel sind Holzbalken meist nicht in der Länge zu erhalten, wie man sie benötigt. Man muss sie also zuschneiden lassen oder selbst auf das entsprechende Maß absägen. Das Ablängen der Balken geschieht am besten mit einer Kappsäge. Mit ihr erhält man einen absolut geraden Schnitt, der für ein exaktes Arbeiten nötig ist.

Obwohl die horizontalen Riegel etwas schwächer in der Ausführung sein können, ist es empfehlenswert, alles in einer Holzstärke auszuführen. Erfahrungsgemäß gibt es so weniger Reste als bei verschiedenen Holzstärken.

Verkleidung

Verkleidet werden können die Holzständer kann je nach Geschmack des Bauherren. Wird auf eine Dämmung verzichtet, genügt die Verkleidung der Außenwand. Ist eine Verkleidung im Innern vorgesehen oder aufgrund einer Dämmung notwendig, geschieht dies am besten mit Holzplatten, die eine glatte Oberfläche aufweisen. Eine Plattenstärke von 10 bis 12 Millimeter genügt hier weil sie keine besondere Last tragen müssen. Durch die deutlich geringere Stoßanzahl sind Platten dabei Brettern vorzuziehen. Denn auch hier würde Ungeziefer eine Heimstatt geboten.

Die Platten werden auf die Holzbalkenkonstruktion geschraubt, wobei darauf zu achten ist, dass die Schrauben versenkt werden. Bei der Verschalung muss man sehr exakt arbeiten, um zum Beispiel Mäusen keinen Eingang in die Balkenzwischenräume zu bieten. Ist ihnen dies erst einmal gelungen, kann man sie kaum bekämpfen und muss fast immer die Innenverschalung wieder entfernen.

Die Außenwände werden meistens mit Nut- und Federbrettern verschalt, wobei die Stärke der Bretter mindestens 22 Millimeter betragen sollte. Sie werden vertikal, Brett für Brett angeschraubt. Eine horizontale Lattung sieht man heute kaum noch, da hauptsächlich Nut- und Federbretter Verwendung finden. Durch die schmale Sichtbreite sieht der Stall sonst in Querlattung recht gedrückt und unruhig aus.

Ein besonders rustikales Aussehen erhält der Stall, wenn er mit sägerauen Brettern verschalt wird. Dann kann es jedoch sinnvoll sein, eine sogenannte Stülpschalung zu verwenden. Dabei wird über dem Stoß ein weiteres Brett angebracht, sodass selbst bei starkem Schwund eine geschlossene Front erscheint. Den gleichen Effekt erreicht man durch Verkleidung der Außenwand mit Plattenware, auf die dann lediglich Bretter zur Zierde angebracht werden.

Dämmung

Bei gemauerten Ställen wird man auf eine Dämmung verzichten, denn das Mauerwerk schafft ein relativ gleichmäßiges Stallklima. Bei Holzställen sieht dies anders aus. Hier ist eine Dämmung sinnvoll, weil sie dafür sorgt, dass die Temperaturschwankungen im Stall geringer ausfallen. Üblich ist eine Zwischenbalkendämmung. Das heißt, das Dämmmaterial wird in die Leerräume der Holzständerkonstruktion eingebracht. Eine besondere Befestigung ist nicht nötig, sofern das Material exakt zugeschnitten wird. Dazu verwendet werden können alle auch im Wohnhausbau üblichen Materialien wie die preisgünstigen Styroporplatten.

In diesem kleinen Hühnerstall herrscht durch seine Dämmung immer ein ausgeglichenes Stallklima.

Die Verschalung muss sehr exakt ausgeführt werden, denn Dämmmaterialien haben auf Mäuse und sonstiges Ungeziefer eine geradezu magische Anziehungskraft. Sie finden darin optimale Bedingungen, um ihre Nester anzulegen. Eine Bekämpfung ist dann fast unmöglich und die komplette Ablösung der Schalung notwendig.

Auch wenn allgemein gilt, dass Geflügel winterhart ist, also unter unserem mitteleuropäischen Klima nicht leidet, kann es bei Hahn und Hennen in ungedämmten Ställen zu Erfrierungen an Kamm und Kehllappen kommen und zwar besonders, wenn der Stall nicht trocken genug ist – das Stallklima also nicht stimmt. Dann bildet sich Kondenswasser (Schwitzwasser) hauptsächlich an den Innenscheiben der Fenster. Entdecken Sie dieses Phänomen, müssen Sie schnell handeln, um dauerhafte Schäden bei den Tieren zu verhindern.

Schallschutz

Während das weibliche Geschlecht der Hühnervögel ruhig ist, von einem aufgeregten Gackern einmal abgesehen, kann man dies vom Hahn nun wirklich nicht behaupten. Sein frühmorgendlicher Ruf hat schon zu manchem Ärger zwischen Halter und Nachbarn geführt, die die Begeisterung für die Hühner und ihren Beschützer nicht teilen. Selbst wenn man im Vorfeld mit allen Beteiligten gesprochen und zunächst keine Einwände gegen eine Hühnerhaltung angeführt wurden, kann sich dies schnell ändern, wenn der Hahnenschrei den Schlaf stört.

Wer weiß, welch intensives Familienleben Hühner mit einem Hahn entwickeln und dies erleben oder Küken aufziehen möchte, kommt um die Haltung eines Hahnes nicht herum. Um eine Belästigung der Nachbarschaft zu minimieren, sollten Sie sich mit dem Schallschutz beschäftigen. Dieser kann sich auf den Stall beschränken, denn der Krähruf stört, wenn man dies überhaupt so nennen will, nur am Morgen, wenn die Tiere noch drinnen sind.

Eine vollständige Dämmung des Stalles, auch an der Decke, macht schon viel aus. Doppelverglasung bei den Fenstern und fachmännische Anschlüsse der Fensterrahmen mit PU-Schaum sind ein weiterer Pluspunkt im Hinblick auf einen Schallschutz. Dass die Fenster und auch Lüftungsschlitze bei Nacht verschlossen sein müssen, sollte selbstverständlich sein.

Fenster

Helligkeit ist ein entscheidender Faktor in der Hühnerhaltung und extrem wichtig. Sie trägt wesentlich zum Wohlbefinden der Tiere bei. Allein deshalb muss man den Fenstern und deren Größe besondere Aufmerksamkeit schenken.

Gut zu wissen

Neben einem gleichmäßigeren Stallklima hat die Dämmung den nützlichen Nebeneffekt des Schallschutzes. Vor allem, wenn man einen Hahn halten will, sorgt die Dämmung dafür, dass der morgendliche Krähruf nicht zu stark nach außen dringt.

Gut zu wissen

Wertvolle Hilfe und weitere Tipps zum Schallschutz erhalten Sie im Baustoffhandel.

Große Fenster sorgen dafür, dass es innen immer hell und freundlich ist.

Allgemein wird davon ausgegangen, dass die Fensterfläche etwa 4 % bis 5 % der Stallgrundfläche ausmachen sollte. Von alten Hühnerställen kennt man die großen Holzfenster. Sie waren wohl bis in die 1950er-Jahre das Nonplusultra beim Hühnerstallbau. Heute müsste man sich solche Fenster extra und teuer anfertigen lassen. Man wird deshalb auf gängige, isolierverglaste Fenstergrößen zurückgreifen, wie sie die meisten Baumärkte aus Holz oder Kunststoff auf Vorrat haben. Holzfenster sind bei regelmäßigem Wiederholungsanstrich in der Haltbarkeit dem Kunststofffenster keinesfalls unterlegen.

Beim Fensterkauf sollten Sie darauf achten, dass sie sowohl ganz zu öffnen sind als auch eine Kippfunktion haben. Dies kann vor allem im Sommer für das Lüften ein großer Vorteil sein.

Leider kann man bei den modernen Fenstern die Flügel nur mit größerem Aufwand komplett aushängen, deshalb kann eine sinnvolle Alternative sein, ältere Fenster, die bei einer Hausrenovierung ausgetauscht werden, für den Hühnerstall zu verwenden. Diese werden meistens komplett mit Rahmen ausgewechselt und entsorgt. Mit einem Neuanstrich versehen, leisten solche Fenster im Hühnerstall noch gute Dienste. Man sollte dann entsprechende

Aussparungen vorsehen, denn die alten Fenster können ganz ungewöhnliche Maße aufweisen, weil sie in früheren Zeiten individuell gefertigt wurden.

Anstelle von kompletten Fenstern können Sie auch einfache Holzrahmen anbringen, die mit Plexiglas oder Hohlkammerprofilen versehen werden. Bei beiden Ausführungen sollten Sie darauf achten, dass die Rahmen leicht auszuhängen sind, denn ständig verschlossene Fenster sind vor allem im Sommer nicht ideal. In der heißen Jahreszeit hängen die meisten Hühnerhalter die Fenster komplett aus, öffnen die Flügel ganz oder kippen sie zumindest.

Es lohnt sich, zu jedem Fenster einen einfachen Holzrahmen anzufertigen, der mit kleinmaschigem Drahtgeflecht bespannt wird. Im Stallinnern hinter dem Fenster befestigt, können so keine Federviehräuber wie Marder, Iltis und Wiesel eindringen und, je nach Bedarf, können die Fenster dauerhaft offen bleiben. Die Befestigung der Drahtrahmen geschieht am besten mit Flügelschrauben, denn sie lassen sich leichter öffnen als herkömmliche Muttern. Solche Drahtrahmen schaffen zudem ein sehr gutes Stallklima, da immer genügend Frischluft vorhanden ist. Im Übergang zur kalten Jahreszeit sollten sie dann aber wieder ausgetauscht werden.

Türen

Die Tür verschließt den Hühnerstall nach außen, sollte deshalb stabil sein und in der Qualität je nach dem Standort des Stalles gewählt werden. Eingangstüren sollten immer außen anschlagen und sich gegen die Hauptwindrichtung öffnen lassen.

In der massivsten Ausführung als komplette Stahltüren eignen sie sich nur zum Einbau bei gemauerten Ställen. Bei Holzställen wird man normalerweise auch auf Holztüren zurückgreifen, die entweder selbst gebaut oder im Fachhandel gekauft werden.

Will man den Stall verschließen können, ist der Kauf einer Tür mit eingebautem Schloss der richtige Weg. Die Preise für solche Türen sind nicht besonders hoch. Mit einem Schutzanstrich versehen, haben sie eine sehr lange Haltbarkeit.

Genügt ein einfacher Riegel oder ein Vorhängeschloss, kann man die Tür auch selbst bauen. Das Material für die einfachste Ausführung ist eine gut 30 Millimeter starke Mehrschichtholzplatte, die mit einfachen Scharnieren am Rahmen befestigt wird. Stabiler ist eine Tür aus einzelnen Brettern, die im Innern mit Quer- und Diagonalbrett versehen wird. Aufgrund des höheren Gewichtes einer solchen Tür eignen sich Metallbänder besser als normale Scharniere, um sie zu befestigen.

Die Türhöhe sollte so gewählt werden, dass man ohne Probleme den Stall betreten kann. Wichtiger als die Höhe ist allerdings die

Breite. 85 Zentimeter sind, wo immer es geht, anzustreben. Denn dann kann man mit einer Schubkarre in den Stall fahren, was vor allem zum Reinigen vorteilhaft ist.

Kleinere Türen, vor allem bei Kleinstställen, in denen man nicht aufrecht stehen kann, werden fast ausnahmslos aus Mehrschichtplatten gefertigt. Sie sind in der Herstellung sehr einfach und auch dem Anfänger zu empfehlen.

Ausschlupf

Unter diesem Begriff versteht man die Öffnung im Stall, aus der die Hühner in den Auslauf gelangen. Die Größe der Öffnung sollte so bemessen sein, dass die Tiere zwar bequem nach außen gelangen können, aber so klein, dass nicht unnötig viel Zugluft in den Stall kommt und Spatzen und sonstige Vögel davon abgehalten werden, in den Stall zu fliegen. Diese Tiere könnten durch ihre Ausscheidungen Krankheiten übertragen.

Eine wirksame Hilfe kann ein kleiner Lamellenvorhang sein, den man am Ausschlupf anbringt. Nach kurzer Gewöhnungszeit werden sich die Hühner ohne Einschränkungen dadurch bewegen. Wildlebende Vögel dagegen gewöhnen sich in der Regel nicht daran und bleiben draußen.

Besonders wichtig ist, dass der Ausschlupf fest verschlossen werden kann. Normalerweise geschieht dies mit einem einfachen Holzschieber, der in zwei Führungsschienen läuft. Mit Hilfe einer Schnur, die über Rollen geführt wird, lässt sich der Schieber bewegen. Keinesfalls darf der Holzschieber zu leicht sein, Raubwild ist ungemein geschickt und könnte sonst leicht eindringen, besonders wenn der Holzschieber eine raue Oberfläche hat. Eine glatte Holzplatte oder ein dickerer Kunststoffschieber sind wesentlich besser geeignet.

Damit der Schieber einwandfrei schließt, sollte er nicht auf dem Boden aufstehen. Hier kann sich Einstreu dazwischenschieben, was unter Umständen schon reicht, um ein Eindringen von Raubzeug

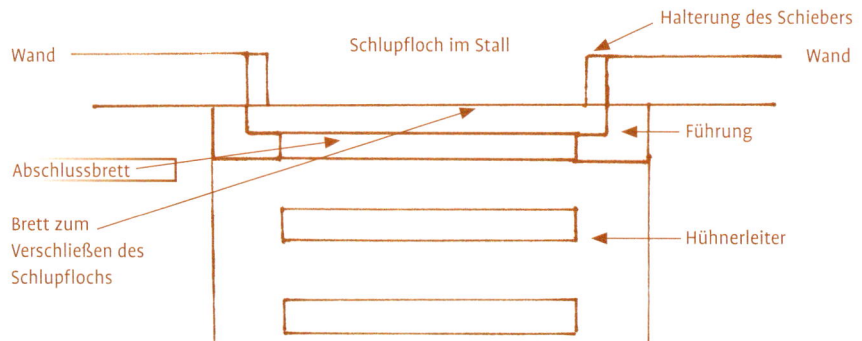

Aufbau eines praktikablen Ausschlupfes von oben.

Wand — Schlupfloch im Stall — Halterung des Schiebers — Wand

Abschlussbrett

Brett zum Verschließen des Schlupflochs

Führung

Hühnerleiter

zu ermöglichen. Dies ist natürlich auf jeden Fall zu vermeiden. Am sinnvollsten ist es deshalb, wenn der eigentliche Ausschlupf nicht direkt auf dem Boden seine Unterkante hat, sondern etwa in 20 bis 25 Zentimetern Höhe. Dies reicht in aller Regel aus, damit keine Einstreu herausgetragen wird, auf der anderen Seite können die Hühner den Stall trotzdem bequem verlassen. Um absolute Sicherheit zu haben, ist eine zusätzliche Fixierung des Schiebers im geschlossenen Zustand empfehlenswert.

Da der nächtliche Verschluss des Hühnerstalles sehr wichtig ist und bereits ein einmaliges Vergessen fatale Folgen haben kann, lohnt sich auch folgende Alternative: elektrische Türöffner, die mit einer Zeitschaltuhr den Schieber öffnen oder verschließen und im Fachhandel erhältlich sind. Vor der Inbetriebnahme sollte man genau überprüfen, zu welcher Zeit alle Hühner im Stall sind, um nicht eine böse Überraschung zu erleben. Auch muss die Zeitschaltuhr immer wieder an jahreszeitliche Verhältnisse angepasst werden, im Herbst und Winter suchen die Hühner den sicheren Stall deutlich früher auf als an hellen Sommerabenden.

Da Hühner gerne auch mit anderen Tieren zusammen gehalten werden beziehungsweise gemeinsame Ausläufe nutzen, kann ein Ausschlupf auch zum Eingang für andere Tiere werden. Man denke nur an vorwitzige Ziegen, die sich den Weg durch den Ausschlupf bahnen und im Stall Hühnerfutter fressen. Um dies zu verhindern, kann man vor den eigentlichen Ausschlupf ein etwa ein Meter langes Stück Holzzaun parallel zur Stallwand aufstellen. Der Abstand zum Stall sollte etwa 30 Zentimeter betragen. Damit ist es recht eng und durch den 90°-Winkel kann kein anderes Tier in den Hühnerstall gelangen.

Achten Sie darauf, dass der Ausschlupf vollständig schließt. Wählen Sie die Führungsleisten so, dass das Schließbrett leicht läuft.

Ausstiege und Windfang

Gegen Zugluft hat sich vor dem Ausschlupf ein sogenannter Windfang bewährt. Dies ist ein kleiner Vorbau, der gegen die übliche Windrichtung angebracht wird und den direkten Zugang zum Schlupfloch verhindert. Das Tier muss um die Ecke gehen, um ins Stallinnere zu gelangen.

Für den Windfang sollte man möglichst wetterbeständiges Material verwenden wie die sehr haltbaren Siebdruckplatten, die auch

Mit diesem Windfang vor dem Ausschlupf verhindern Sie störende Bodenwinde im Stallinnern.

im Anhängerbau verwendet werden. Es sind wasserfeste Holz-Mehrschichtplatten, die sich verschrauben lassen.

Da die meisten Ställe höher als das umgebende Bodenniveau liegen, bringt man am sinnvollsten einen Ausstieg an – besser bekannt als Hühnerleiter. Diese wird entweder direkt an Ausschlupf oder Windfang mit kleinen Scharnieren angebracht oder einfach mit Schraubhaken in Ösen eingehängt.

Während bei allen Utensilien und Bestandteilen im Hühnerstallbau grundsätzlich Materialien verwendet werden, die eine glatte Oberfläche haben sollten, nimmt man für die Hühnerleiter am sinnvollsten sägeraue Bretter. Die Hühner können darauf nicht rutschen und haben einen sicheren Zugang zum Stall. Es scheint Hühnern sichtlich Spaß zu machen, auf Hühnerleitern zu laufen. Man sollte darauf grundsätzlich nicht verzichten, selbst wenn der Ausschlupf nur 25 Zentimeter über dem umgebenden Bodenniveau liegt. Doch auch große Höhenunterschiede von mehreren Metern lassen sich mit der Hühnerleiter überbrücken. Die Breite sollte sich an der Ausschlupfbreite orientieren und die Querlatten im Abstand von zirka 18 bis 20 Zentimeter darauf geschraubt werden.

Stallboden

Der eigentliche Hühnerstallboden sollte niemals gewachsener Boden sein. Die Reinigungsmöglichkeiten wären nicht gegeben und allerlei Ungeziefer die Regel. Böden aus Backsteinen sind ein Relikt aus der Vergangenheit und auch Betonböden, wie sie durch eine Bodenplatte bereits vorhanden sind, werden heute nicht mehr so belassen. Vor allem im Winter sind sie kaum trocken und dauerhaft kalt der Gesundheit von Hühnern abträglich.

Holzplatten
Über die Betonbodenplatte legt man eine Schicht Dachpappe als sogenannte Dampfsperre. Darauf werden etwa fünf Zentimeter hohe Holzbalken gelegt und mit dem Fundament und der Bodenplatte verschraubt. Auf sie kommen nun wasserfeste Holzplatten,

und zwar so, dass die gesamte Bodenfläche belegt ist. Sie bilden den eigentlichen Stallboden und so sollte die Dicke der Platten zirka 22 mm betragen. Sie sind begehbar und biegen sich auch bei starker Belastung nicht durch.

Sie können Siebdruckplatten oder einfache Pressspanplatten verwenden, achten Sie jedoch unbedingt darauf, dass die Oberfläche glatt ist. Allein aus diesem Grund sind die heute sehr beliebten OSB-Platten ungeeignet, ebenso wie Holzbretter. Die vielen beim Verlegen entstehenden Stöße, also Ritzen im Holz, lassen sich auf Dauer nicht sauber halten und bieten Ungeziefer Unterschlupf.

Bei Ställen, die keine betonierte Bodenplatte als Untergrund besitzen, ist ein doppelter Holzfußboden unbedingt anzuraten. Der Abstand der Zwischenbalken von zirka 5×5 cm sollte dabei 60 Zentimeter nicht überschreiten, damit er stabil ist und größerer Belastung standhält.

Damit der Boden von unten her nicht zu stark auskühlen kann, sollten Sie die Sparrenzwischenräume unbedingt isolieren. Dazu verwenden Sie am besten das gleiche Material wie bei der Wanddämmung.

PVC
Eine noch glattere Bodenfläche lässt sich durch einen zusätzlichen PVC-Belag erreichen. Die im Handel üblichen Breiten reichen fast immer aus, um den gesamten Stall auf einmal auszulegen. Hinderliche Stöße gibt es dann nicht. Keinesfalls sollten Sie den Boden schwimmend verlegen, sondern nach Möglichkeit flächig und zumindest mit doppelseitigem Klebeband fixieren.

Fliesen
Eine ebenfalls sehr saubere Lösung ist das Fliesen des Stallbodens und für den handwerklich geschickten Stallbauer auch kein größerer Aufwand. Dabei werden die Fliesen direkt auf die Bodenplatte aufgebracht. Ein solcher Boden kann auch nass gewischt werden, was vor allem dann von Vorteil sein kann, wenn man keine Tiefstreu verwendet.

Lüftung

Gute, zugfreie Lüftung im Stall ist in der Hühnerhaltung unverzichtbar. Auf Ventilatoren, wie sie in der Wirtschaftsgeflügelzucht die Regel sind, wird man wohl verzichten. Eine preisgünstige und wenig aufwendige Alternative ist der Einbau leichter Nassraumventilatoren, wie sie im Hausbau verwendet werden. Damit werden verbrauchte Luftmassen aus dem Stall befördert.

Solche Kleinventilatoren sind zwar sinnvoll, aber keinesfalls immer notwendig. Bei einer geringen, der vorhandenen Stallfläche angepassten Anzahl an Tieren, kommt man mit einem natürlichen Lüftungsverfahren, der sogenannten Schwerkraftlüftung, vollauf zurecht.

Dazu ein wenig Physik: Erwärmte Luft dehnt sich aus und bekommt dadurch ein spezifisch leichteres Gewicht, das sie nach oben steigen lässt. Kalte Luft dagegen sinkt ab. Machen Sie sich dieses Prinzip zunutze und Sie erreichen auf diese Weise eine genügende Lüftung des Stalles. Luftzufuhr und Luftabfuhr sollten so gestaltet sein, dass ein möglichst gleichmäßiger Austausch von frischer und verbrauchter Luft stattfinden kann. Dafür haben sich sogenannte Lüftungsschlitze bewährt, längliche Aussparungen in der Stallwand, die etwa 20 Zentimeter unterhalb der Stalldecke angebracht werden. Die Höhe dieser Lüftungsschlitze beträgt zirka 10 Zentimeter.

Um ein Eindringen von Spatzen und sonstigem Getier in den Stall zu verhindern, müssen die Schlitze mit einem feinmaschigen Drahtgewebe bespannt werden. Nach mehrjährigem Gebrauch kann es sinnvoll sein, dieses Gewebe auszutauschen oder richtig abzukehren, damit deutlich mehr Luft nach innen oder außen dringen kann, der beste Beweis im Übrigen, dass dieses Prinzip der Lüftung funktioniert hat.

Die Lüftungsschlitze sollten sowohl an der Vorder- als auch der Rückseite des Stalles angebracht werden. Bei einem Pultdach ist dies am einfachsten. Die kältere Luft tritt an der Rückseite in den

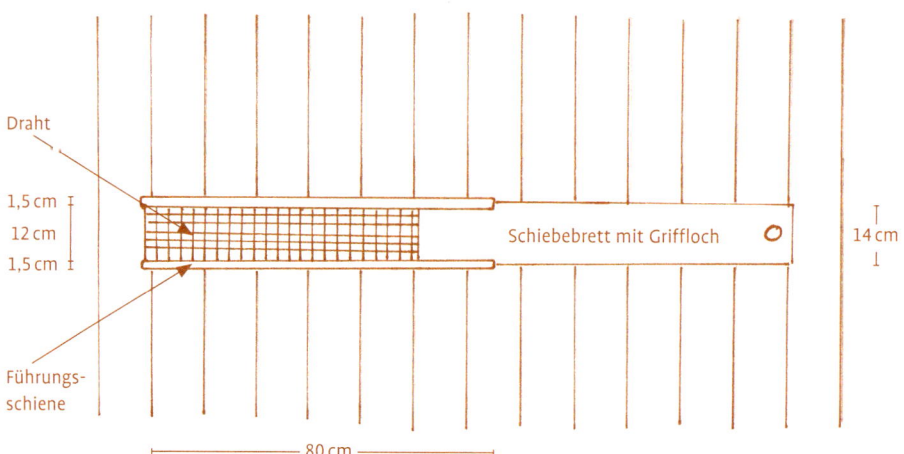

Lüftungsschlitze sollten an der niederen Wand eines Stalles eingeplant werden, um die optimale Lüftung zu gewährleisten.

Stall ein, senkt sich ab, erwärmt sich und dehnt sich aus. Diese warme Luft steigt nun nach oben und tritt an den höher liegenden Lüftungsschlitzen an der Vorderseite nach außen. Wie erwähnt, sind durch die Dachneigung beim Pultdach der niedrigere Eintritt und die höhere Austrittsöffnung durch die Bauform vorgegeben.

Da die Lüftungsschlitze Öffnungen in der Stallwand sind, müssen sie bei starkem Unwetter, wenn beispielsweise Wasser durch Schlagregen einzudringen droht, verschlossen werden können. Dafür sieht man am besten einfache Holzschieber vor, die den Lüftungsschlitz je nach Bedarf schließen oder öffnen lassen.

Bei einem Satteldach sieht die Entlüftung etwas anders aus, denn normalerweise sind die gegenüberliegenden Seitenwände gleich hoch. Selbstverständlich können die Lüftungsschlitze unterschiedlich hoch angebracht werden, doch meistens wird man bei Satteldächern eine Dachlüftung einplanen. Dabei werden die Lüftungsschlitze in den Wänden auf gleicher Höhe an zwei gegenüberliegenden Seiten angebracht. Die kalte Luft tritt hier beidseitig ein und die erwärmte entweicht über das Dach. Wird der Raum unter dem Dach nicht genutzt, kann man bei der Eindeckung einfach ein paar Lüftungsziegel vorsehen.

Ist eine Nutzung des Raumes unter dem Dach vorgesehen, ist eine Zwischendecke zum eigentlichen Stallraum vorhanden. Sieht man jetzt keine Möglichkeit vor, die erwärmte Luft entweichen zu lassen, kann es bezüglich des Stallklimas zu echten Problemen kommen. Mit dem Einbau von Lüftungsschächten in der Stalldecke, die bis unter den Dachfirst gehen, beugt man dem vor. Entweder man baut selbst Schlote aus Holz oder verwendet Rohre aus Kunststoff, die die Luft nach oben entweichen lassen. Als Durchmesser solcher Lüftungsschächte haben sich etwa 20 Zentimeter bewährt. Die nach oben steigende Luft entweicht entweder über Lüftungsziegel oder spezielle Dachfirstziegel, die eine Entlüftung zulassen.

Die Anzahl der Lüftungsschächte kann variieren. Ein solcher Lüftungsschacht pro acht Quadratmeter Stallfläche sorgt für einen ausreichenden Luftaustausch.

Selbstverständlich sind Lüftungseinrichtungen keinesfalls die einzige Möglichkeit, Luft in den Stall und auch wieder nach außen zu leiten. Vor allem im Sommer ist es üblich, dass die Fensterflügel ausgehängt oder zumindest gekippt werden, um eine große Menge Frischluft in den Stall zu bringen. Sofern es die Witterung zulässt, sollten Sie selbst im Winter die Fenster kippen. Fällt die Temperatur aber deutlich unter 0 °Celsius oder verhindert eine hohe Schneedecke den Gang in den Auslauf, werden die Lüftungsvorrichtungen unverzichtbar, wenn die Hühner den ganzen Tag im Stall verbringen müssen.

Anstriche

Um eine größere Haltbarkeit der verwendeten Materialien zu erreichen, wird man nicht umhin kommen, sie durch Anstriche vor der Witterung vor allem im Außenbereich zu schützen.

Nicht nur im Innenbereich spielen auch ästhetische Gründe eine Rolle. Den Hühnerstall sollte man außen ebenfalls farblich gefällig gestalten, damit er sich harmonisch in das natürliche Umfeld eingliedert und nicht wie ein Fremdkörper wirkt. Ob man die Innenverkleidung streichen will, bleibt jedem selbst überlassen.

Früher wurden die Ställe innen gekalkt. Dazu wurde Löschkalk mit Wasser angesetzt und anschließend mit einem großen Pinsel aufgetragen. Der Vorteil dabei ist, dass Kalkmilch desinfizierende Wirkung besitzt. Wer Kalkmilch nicht verwenden will oder wem sie wie ein Relikt aus vergangenen Zeiten erscheint, kann natürlich den Innenraum auch mit normaler Dispersionsfarbe streichen. Obwohl Anstriche innen nicht unbedingt nötig sind, machen sie den Stall doch hell und geben ihm ein frisches Aussehen.

Die Außenschalung muss mindestens zweimal gestrichen werden, soll sie dauerhaft Bestand haben. Dazu sollte man eine wirklich gute Holzschutzlasur oder -farbe verwenden. Während Lasuren die Holzstruktur und -maserung noch erkennen lassen, erreicht man mit Holzschutzfarben eine vollständige Abdeckung. Farben auf Acrylbasis gehen etwas mit der Temperatur mit und blättern damit nicht so leicht ab. Dunklere Farbtöne bieten durch das darin enthaltene Pigment einen größeren Schutz als hellere und sollten demnach den Vorzug erhalten.

Machen Sie einen Probeanstrich, bevor Sie den Stall großflächig streichen. Dazu verwenden Sie am besten Holzabschnitte, die Sie zu einer größeren Fläche zusammenlegen. Gefällt Ihnen die Farbe nicht, können Sie immer noch umschwenken. Aus diesem Grund sollte die erste Farbdose immer klein sein. Passt die Farbe, können Sie dann zum größeren Gebinde greifen. Gefällt sie Ihnen aber nicht, ist der finanzielle Schaden nicht allzu groß. Gute Farbe hat nämlich ihren Preis.

Um möglichst lange an seinem Stall Freude zu haben, wiederholt man den Anstrich am besten im zweijährigen

Meistens wird erst beim Wiederholungsanstrich deutlich, wie stark die Verwitterung schon vorangeschritten war.

Rhythmus. An Stellen, die der Witterung sehr stark ausgesetzt sind, kann sogar ein jährlicher Anstrich vonnöten sein. Damit ist dann aber auch gewährleistet, dass die Holzstruktur intakt bleibt und der Stall immer wie neu aussieht. Vor dem Wiederholungsanstrich sollte man das Holz mit einem feinen Sandpapier anrauen, um alte, losgelöste Farbreste zu entfernen, dann abkehren oder abreiben, um das Holz für die frische Farbe aufnahmefähiger zu machen.

Der eigentliche Anstrich erfolgt mit einem hochwertigen Borstenpinsel, der nicht gleich zu Beginn sehr viele Borsten fallen lässt. Am besten streicht man jedes Brett für sich, und zwar von oben nach unten. Tropffarbe wird damit aufgenommen und man sieht keine unschönen Farbübergänge.

Vor dem allerersten Anstrich muss das Holz fett- und staubfrei sein. Eine einmalige Grundierung mit sogenanntem Schutzgrund verhindert die Blaufäule des Holzes und verleiht ihm eine höhere Haltbarkeit. Es ist jedoch unbedingt darauf zu achten, dass diese Grundierung vollständig ausgetrocknet ist, ehe man den endgültigen Anstrich mit Lasur oder Farbe aufträgt. Dies ist normalerweise erst nach zwei bis drei Tagen der Fall.

Vermehrt findet man auch Holzverschalungen, die keinen schützenden Holzanstrich erhalten. Grundsätzlich ist dagegen nichts einzuwenden. Das Holz graut natürlich, was unweigerlich seinen Reiz hat. Vor allem aus der Alpenregion kennt man dies. Das Holz muss dann aber auf jeden Fall vollständig abtrocknen können. Staunässe, egal in welcher Form, würde das Holz in kurzer Zeit verfaulen lassen. Das heute angebotene Holz ist fast ausschließlich in Trocknungskammern getrocknet. Eine natürliche Trocknung findet also nicht mehr statt und damit ist auch die Haltbarkeit heruntergesetzt. Nicht umsonst haben unsere Vorfahren ihr Bauholz bei abnehmendem Mond geschlagen und entsprechend gelagert. Dies ist nicht mehr die Regel. Den heute vorhandenen Tatsachen muss also Rechnung getragen werden.

Mauerwerk und damit der aufgebrachte Putz wird mit einer handelsüblichen Fassadenfarbe zweimal gestrichen. Dabei sollte man nicht unbedingt auf das preisgünstigste Produkt zurückgreifen, denn gerade bei Fassadenfarbe können die Qualitätsunterschiede gravierend sein. Je nach Witterungseinflüssen kann ein Wiederholungsanstrich bereits nach drei bis vier Jahren anstehen. Im Normalfall ist die Haltbarkeit von Fassadenfarben jedoch deutlich höher als die von Holzschutzlasuren oder -farben.

Gut zu wissen

Selten stimmen die Angaben zur Ergiebigkeit von Holzschutzfarben mit dem tatsächlichen Verbrauch überein. Daran sollten Sie beim Einkauf von Farben, Grundierungen und Lasuren denken und vielleicht einen Testlauf mit einer kleineren Menge machen.

Auf Rädern

Grundfläche gesamt: 1,44 m²
Stallfläche: 0,64 m²
Besonderheiten: Der gesamte Stall mit Auslauf kann von einer Person verschoben werden. Das Stalldach lässt sich öffnen.

„Mit der Anschaffung meiner drei Hühner habe ich mir einen Jugendtraum erfüllt", erzählte mir der Erbauer dieses transportablen Hühnerstalles samt Auslauf. „Leider konnte ich keinen feststehenden Stall bauen, und so habe ich mir lange überlegt, wie ich diesen Traum wahr machen könnte." Durch die Kombination des Stalles mit Rädern und fest montier-

ten Griffen kann die ganze Anlage von einer Person mühelos versetzt werden. „Dazu hebe ich den Auslauf samt Stall an den Griffen hoch und ziehe ihn, wohin ich will. Dadurch, dass Stall und Auslauf so klein sind, wird auch bei ein paar Hühnern die Grasnarbe nämlich ziemlich stark beansprucht. Also muss ich ihn einmal am Tag woanders hin rücken. Die Infektionsgefahr durch den Boden ist dann so gut wie ausgeschlossen und die Tiere haben trotzdem jeden Tag frisches Grün zur Verfügung."
Als Rahmen für den Stall samt Auslauf verwendete der Erbauer 5er-Kanthölzer, mit denen genügend Stabilität in der Gesamtkonstruktion gegeben ist.
Gereinigt wird der Stall über das Dach, das mit einem Scharnier klappbar ist. Dabei wurde die Höhe

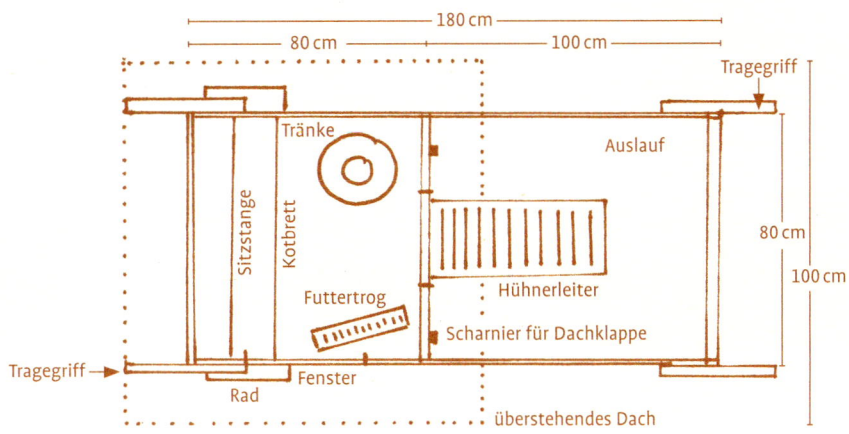

Tragegriff
180 cm
80 cm
100 cm
Tränke
Auslauf
Sitzstange
Kotbrett
80 cm
100 cm
Futtertrog
Hühnerleiter
Scharnier für Dachklappe
Tragegriff
Fenster
Rad
überstehendes Dach

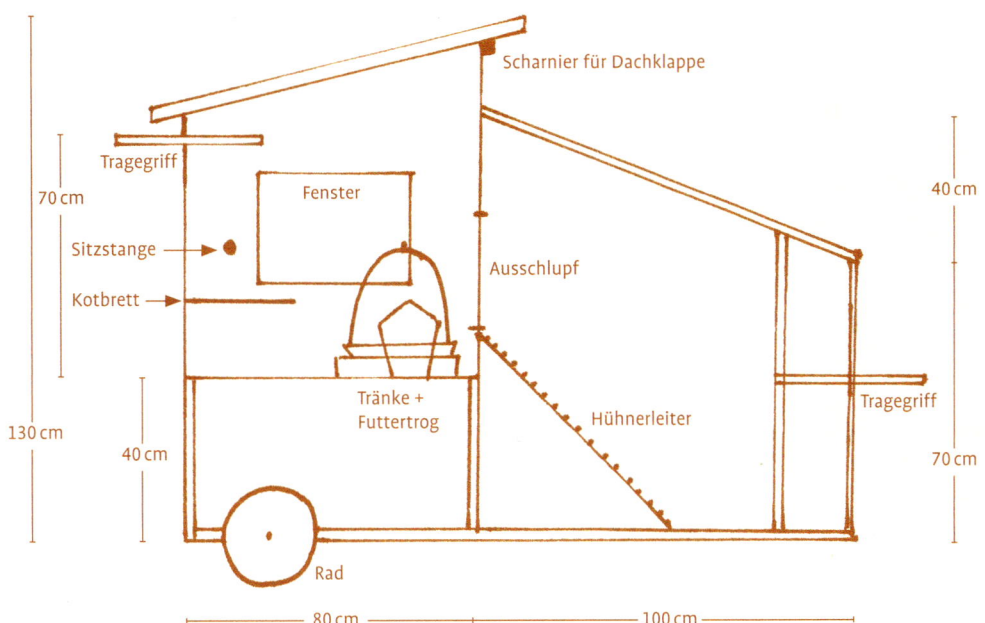

Scharnier für Dachklappe
Tragegriff
Fenster
40 cm
70 cm
Sitzstange
Ausschlupf
Kotbrett
Tränke +
Futtertrog
Hühnerleiter
Tragegriff
130 cm
40 cm
70 cm
Rad
80 cm
100 cm

des Gesamtstalles so gewählt,
dass alles ohne große Probleme
geschehen kann. Trotz der geringen Bodenfläche ist das Stallinnere optimal eingerichtet und
die Hühner müssen auf keinerlei
Komfort verzichten.

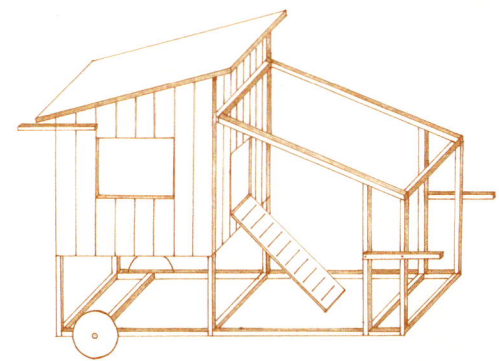

Dachkonstruktionen

Die häufigste und am wenigsten aufwendige Dachform bei Hühnerställen ist das Pultdach. Wesentlich seltener ist das Satteldach, zumindest wenn der Stall in Selbstbauweise erstellt wurde. Man unterscheidet zwischen gleichschenkligem und ungleichschenkligem Satteldach. Diese Dachformen erfordern schon einiges an technischem Wissen und Erfahrung, um sie aufzustellen. Trotzdem gibt es immer wieder Gründe für diese Dachform. Denn im zusätzlich gewonnenen Raum lässt sich allerhand Nützliches wie Futter- und Einstreuvorräte sowie Zubehör sicher und trocken unterbringen.

Pultdach

Dazu wurden die gegenüberliegenden Wände beim Bau bereits verschieden hoch gezogen und der obere Kranz aus Vierkanthölzern bei der Holzkonstruktion verschraubt.

Die Vierkanthölzer für das Dach, die Sparren, werden nun in einem Abstand von zirka 60 bis 80 Zentimeter verlegt und mit Winkelverbindern sowie durchgehenden Schrauben mit der Wandkonstruktion verbunden. Bei gemauerten Ställen sollten Sie die Vierkanthölzer einmauern und damit eine feste Verbindung erreichen.

Als Querschnitt der Vierkanthölzer können Sie etwa 8 × 12 Zentimeter annehmen, wenn die zu überspannende Länge drei Meter nicht übersteigt. Um eine satte Auflage auf die Rahmenhölzer zu erreichen, kann es nötig sein, die Sparren etwas auszusägen. Dies darf aber nur in einem geringen Umfang geschehen, damit die Statik des Daches nicht gefährdet ist. Die Draufsicht der Sparren wird nun mit Holzbrettern oder Plattenware versiegelt.

Je nachdem, ob die Wände bereits gedämmt sind, ist auch eine Dachdämmung zu empfehlen. Am sinnvollsten ist dabei eine Zwischensparrendämmung. Dazu werden die Sparrengefache mit einem handelsüblichen Dämmstoff ausgefüllt. Die Stalldecke muss dann zusätzlich verkleidet werden. Je nach Vorliebe kann man hier unterschiedliche Materialien wählen, die aber grundsätzlich möglichst wenige Ritzen oder Stöße bei der Verarbeitung entstehen lassen sollten. Plattenware ist hier mit Sicherheit einer Bretterdecke vorzuziehen.

Obwohl ein Gefälle von 10 % meist als ausreichend angesehen wird, bieten 15 %, also 15 Zentimeter Gefälle auf einen laufenden Meter Dachlänge, mehr Sicherheit. Dann ist auf jeden Fall gewährleistet, dass das Wasser schnell und restlos ablaufen kann. Bei nur 10 % Gefälle kann es bei tauender Schneelast unter Umständen zu Staunässe kommen.

Diese Neigungsangaben gelten für Bitumenschindeln oder auch gewöhnliche Dachpappe sowie Faserzementplatten. Bei einer Ziegeleindeckung, die bei der heutigen Bauweise für einen Pultdachstall kaum in Betracht kommt, müsste das Gefälle 30 % betragen, um ein schnelles Abfließen des Wassers zu erreichen.

Genügend große Dachvorsprünge sind auf jeden Fall vorzusehen, damit Tropfwasser nicht an den Stallwänden herunterläuft. An der Vorderseite kann dies ruhig 35 Zentimeter betragen, während an der Rückseite 20 bis 25 Zentimeter genügen. Seitlich genügt ebenfalls ein Vorsprung wie an der Rückseite des Stalles, um sich harmonisch einzufügen. Größer sollten diese Maße nicht gewählt werden, da Schneelasten sonst zu Statikschwierigkeiten führen könnten.

Satteldach

Einen größeren Arbeits-, aber auch Materialaufwand haben Sie bei Satteldächern. Gewöhnlich wird ein gleichschenkliges Satteldach gebaut. In manchen Gegenden Süddeutschlands ist das ungleichschenklige Satteldach, die „Gaulskopfhütte", jedoch ein typisches architektonisches Gestaltungsmerkmal und deshalb sehr beliebt.

Die Dachneigung wird sich wohl bei 45 % einpendeln: Überaus gefällig wirkt es übrigens, und das nicht nur bei einem Satteldach, wenn man sich an den Vorgaben der umgebenden Gebäude orientiert.

Das Satteldach wird auf die Wandkonstruktionen und die nötige Decke aufgebaut. Normal ist eine gewöhnliche Balkendecke, wobei der gleiche Querschnitt der Kanthölzer wie beim Pultdach zu wählen ist.

- Die Firstpfette wird auf senkrecht gestellte Hölzer an den beiden Stirnseiten aufgelegt und befestigt. Wird die Firstpfette über eine Länge von mehr als drei Metern gespannt, sollten Sie auf jeden Fall weitere Stützen einplanen.
- Die seitlich, immer paarweise einander gegenüber liegend anzubringenden Sparren werden zur Firstpfette hin etwas ausgesägt und nach und nach aufgelegt sowie mit dieser verbunden.
- Weitere Verkleidungen der Sparren werden wie beim Pultdach beschrieben vorgenommen.

Etwas komplizierter erscheint die Ausbildung des Firstes. Hier müssen Sie auf spezielle Angebote des Fachhandels wie Firstziegel oder Ähnliches zurückgreifen.

Dacheindeckung

Gebräuchliche Baustoffe zur Dacheindeckung sind Faserzementplatten, Bitumenpappe in Band-, Schindelform oder als Wellplatten sowie Ziegel aus Ton oder Beton.

Bitumen

Die günstigste Dacheindeckung ist immer noch die Bitumenpappe in Bandform, umgangssprachlich als Dachpappe bekannt. Sie wird quer zum Dachverlauf von unten nach oben verlegt. Dabei sollte eine Überlappung von reichlich 20 Zentimetern angestrebt werden. An den Dachrändern ist es sinnvoll, die Bitumenbahn über den Dachvorsprung umzuschlagen.

Bei kleineren Ställen wird die Befestigung mit „Dachpappenstiften" vorgenommen, wobei diese im Abstand von etwa 20 Zentimeter eingeschlagen werden müssen. Eine bessere Haltbarkeit erreicht man, wenn man die einzelnen Bahnen mit speziellem Bitumenkleber verbindet, wobei vor allem die Stöße genau kontrolliert werden mussen.

Dacheindeckungen mit Bitumenpappe, die eine besandete Oberfläche haben, besitzen in der Regel eine etwa knapp zehnjährige Haltbarkeitsdauer, wenn die Pappe aufgenagelt ist. Es ist deshalb ratsam, die Dacheindeckung vor den Herbstwettern zu kontrollieren und gegebenenfalls zu reparieren. Viele Halter nageln die neue Dacheindeckung einfach darüber, sodass mit der Zeit mehrere Lagen übereinander liegen. Selbstverständlich kann die alte Lage auch entfernt werden.

Bitumenschindeln haben eine wesentlich längere Haltbarkeit und wirken auch ästhetischer. Sie gibt es in verschiedenen Farbtönen und Schindelformen. Auch sie werden von unten nach oben verlegt und mit Dachpappenstiften fixiert. Die Schindeln, die im

Ein kleiner Stall mit Pultdach und Bitumenschindeln.

Versatz verlegt werden, haben an der Unterseite einen Klebestreifen, der zur vorigen Reihe eine zusätzliche Verbindung schafft.

Bitumen in Wellplattenform eignet sich für die Eindeckung kleinerer Ställe ganz hervorragend. Die Platten werden je nach Bedarf um eine oder zwei Wellen überlappt. Die Länge beträgt im Regelfall etwas mehr als zwei Meter und die Breite einen knappen Meter. Befestigt werden sie mit speziellen Schrauben, die an den Höhen der Wellen in den Unterbau geschraubt werden. Dabei darf man nicht vergessen, dass darunter spezielle Kunststoffkappen gelegt werden müssen, die genau das Wellenprofil zeigen. Die Haltbarkeit dieser Wellformplatten ist in etwa mit der von Bitumenschindeln gleichzusetzen und liegt bei sachgemäßer Handhabung leicht bei 15 Jahren.

Faserzement

Eine wesentlich stabilere Möglichkeit der Dacheindeckung, wobei ebenfalls größere Flächen ohne große Vorkenntnisse gedeckt werden können, sind Faserzementplatten. Waren diese früher asbesthaltig und damit gesundheitsschädlich, ist dies heute nicht mehr der Fall. Auch sie gibt es in mehreren Farbtönungen, Wellprofilen und Längen.

Die Verlegung gestaltet sich wie bei der leichten Bitumenvariante, wobei aber keine Unterbauteile verwendet werden müssen, da das Wellprofil über genügend Stabilität verfügt.

Die Schrauben zur Befestigung brauchen spezielle Kunststoff-kappen, damit durch die Schrauböffnung kein Wasser auf die Holz-unterkonstruktion gelangen kann.

Bei einem hohen Wellenprofil muss am vorderen und hinteren Dachabschluss ein spezielles Abschlusselement verwendet werden. Dies verhindert das Eindringen von starken Winden, die unter Umständen die Dacheindeckung gefährden würden und außerdem wird Vögeln und Insekten wie Wespen, Hornissen oder Bienen der Eintritt verwehrt.

Ziegel

Eine Eindeckung mit Ziegeln aus Ton oder aus Beton kommt für kleinere Hühnerställe kaum in Betracht. Die Gründe dazu liegen auf der Hand. Das hohe Gewicht und der dadurch nötige stabile und aufwendige Unterbau lassen die meisten Hühnerhalter zu den anderen Dacheindeckungen greifen. Dennoch haben Ziegel, sofern sie fachgerecht mit Unterlüftung verlegt werden, wozu man eine Konterlattung braucht, durchaus ihre Berechtigung. Vor allem bei

Preisvergleich verschiedener Dacheindeckungsformen (Durchschnittspreise pro Quadratmeter)

Bitumenpappe	1,10 € bis 1,80 €
Bitumenschindeln (eckige Form)	6,50 € bis 8,00 €
Bitumenschindeln (Biberschwanzform)	9,00 € bis 10,00 €
Bitumenwellbahn	3,50 € bis 6,00 €
Faserzementplatten	18,00 € bis 25,00 €
Tonziegel (einfache Form)	10,00 € bis 15,00 €
Betonziegel (einfache Form)	7,00 € bis 12,00 €

Preisvergleich verschiedener, lichtdurchlässiger Dacheindeckungsformen (Durchschnittspreise pro Quadratmeter)

Wellpolyester	ca. 5,00 €
Wellprofile aus PVC	ca. 9,00 €
Acryl-Wellplatten	ca. 30,00 €
Doppelstegplatten (6 mm)	ca. 20,00 €
Glasziegel	ca. 25,00 € pro Stück

Satteldachställen wirken sie ungemein ästhetisch und fügen sich optisch in das Umfeld meist ohne Probleme ein.

Durch verschiedene Ziegelfabrikate kann der Abstand der Lattung ganz unterschiedlich sein. Bei Ziegeleindeckungen ist es ratsam, einen Fachmann zu Rate zu ziehen. Denn nur ein gleichmäßig eingedecktes Ziegeldach ist auch eine Zierde.

Dachrinne

Während der trockenen Jahreszeit kann man es sich manchmal kaum vorstellen, welche Wassermengen anfallen und das umgebende Gelände innerhalb kürzester Zeit in eine Schlammwüste verwandeln können. Gerade im Umfeld eines Stalles, das täglich betreten wird, ist so etwas auf die Dauer nicht tragbar.

Mit einer Dachrinne kann das Wasser eines Daches an eine bestimmte Stelle transportiert werden. Je nach gewünschtem Aussehen und natürlich nach den finanziellen Voraussetzungen können diese Rinnen aus Kunststoff, Titanzink oder gar Kupfer gestaltet sein. Bei größeren Ställen und entsprechender Eindeckung, vornehmlich bei Ziegeln, sollte man sich den Einbau von sogenannten Einlaufblechen in die Regenrinne überlegen.

Die entsprechenden Dachrinnenhalter werden mit Schrauben an den Dachsparren befestigt und die Dachrinne darin eingehängt. Das Gefälle der Dachrinne kann an den Haltern mittels einer Schraube eingestellt werden.

Besteht die Möglichkeit, die Dachrinne mit einem Fallrohr an die Kanalisation des Wohnhauses anzuschließen, sollte man dies tun und damit das Regenwasser ableiten. Meist aber wird das Wasser als Gießwasser gesammelt, was mit einem Regensammler und einer handelsüblichen Regentonne am Fallrohr leicht zu bewerkstelligen ist.

Um bei überlaufender Regentonne keine Dauernässe entstehen zu lassen, sollte man den Boden unter der Regentonne etwa 20 Zentimeter tief ausgraben und mit grobem Kies auffüllen. Die Kiesschicht kann sehr viel Wasser aufnehmen, ohne die umgebende Humusschicht zu stark zu belasten.

Mit dem Wissen, dass Staunässe der Hühnergesundheit alles andere als zuträglich ist, sollte man auf diesen geringen Mehraufwand auf jeden Fall nicht verzichten. Wer keine Regentonne aufstellen will und nicht die Möglichkeit hat, das Regenwasser über die Kanalisation zu entsorgen, sollte die Grube am Fallrohr gut 60 Zentimeter tief ausheben und Kies einschütten. Mit einer am Dachrinnenausfluss herunterhängenden Kette läuft das Wasser gleichmäßig ins Kiesbett und kann dort langsam versickern.

Skandinavien lässt grüßen

Grundfläche gesamt: 2,40 m²
Stallfläche: 2,40 m²
Besonderheiten: Der Stall steht auf Stelzen, der Raum unter dem Stall kann genutzt werden. Windfang am Ausschlupf.

„Angefangen hat alles in einem Urlaub in Dänemark, als meine Frau in einem Freilichtmuseum ein Ställchen mit einer Zwerghuhnherde sah. Das hat sie nicht losgelassen und kaum zu Hause angekommen, setzte sie alles in Bewegung, um auch in unserem Garten einen solchen Hühnerstall mit Puppenstuben-Charakter zu haben. Doch das war nicht so leicht. Trotz intensiver Suche oder gerade deshalb fanden wir keine passende Hütte, die wir durch einfache Umbauten an unsere Ansprüche hätten anpassen können."
Eher durch Zufall hatten Bekannte mir diese Geschichte erzählt und ich konnte ihnen den Hinweis auf einen befreundeten Züchter geben, der in seinem Garten eben ein solches Ställchen stehen hatte. „Wir haben es von ihm geschenkt bekommen! Er braucht das Ställchen nicht mehr und obwohl es schon 60 Jahre alt ist, hat es von seinem Charme nichts verloren", erzählten sie überglücklich. „Der Ab- und Aufbau des Stalles war einfach, die einzelnen Seitenwände sind fertige Elemente, die mit Schlossschrauben verbunden werden. Das Besondere sind aber die Sprossenfenster. Sie passen durch ihren hell ockerfarbenen Anstrich schön zur roten Wandfarbe, echt skandinavisch. Auch dass der Stall auf kleinen Stelzen steht, finden unsere Hühner gut. Wenn sie

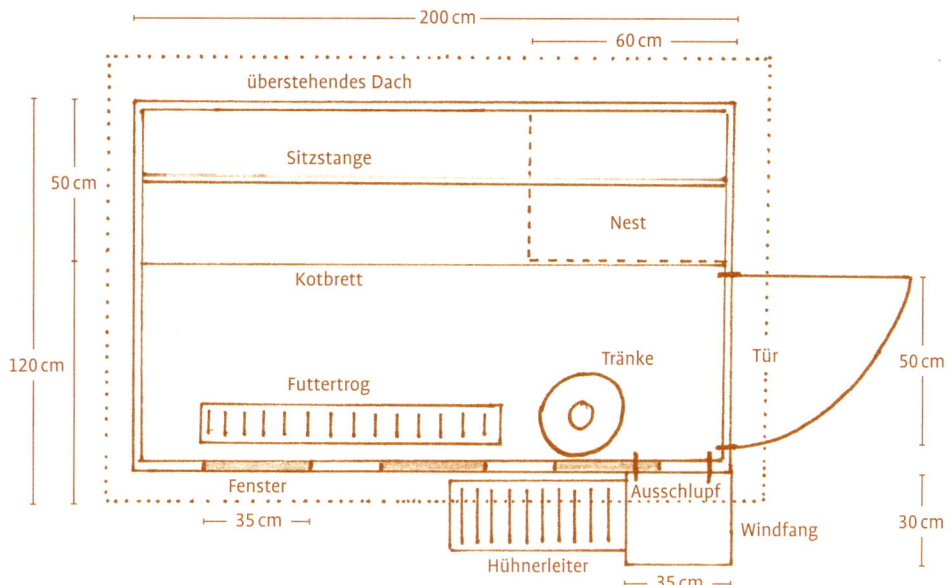

draußen sind, gehen sie gern unter
den Stall in den Schatten oder
wälzen sich in ihrem Sandbad, das
sie sich selbst eingerichtet haben.
Deshalb werfen wir auch regelmäßig Holzasche darunter, die von
den Hühnchen mit Vorliebe in das
Staubbadgemisch eingearbeitet
wird."

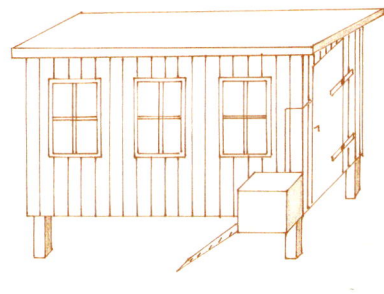

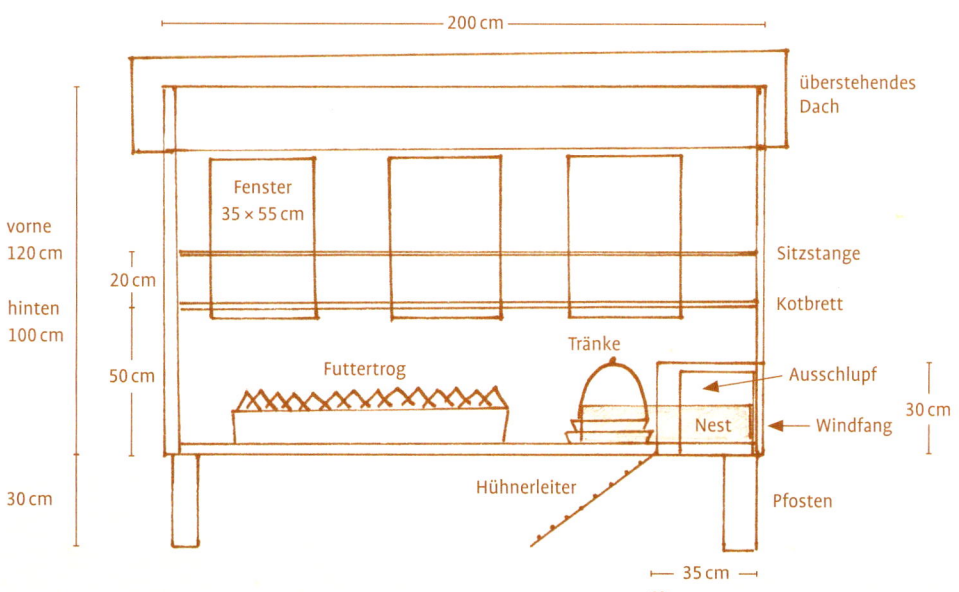

Installationen

Nur bei Kleinstställen wird man wohl auf die nötigsten Installationen verzichten. Bei größeren Ställen aber ist der Aufwand durchaus zu bewältigen und die Vorteile überwiegen bei weitem. Alle Installationen müssen von Fachleuten ausgeführt werden, damit eine Gewährleistung gegeben ist. Bei Elektroinstallationen kann es einfach lebensgefährlich werden, wenn man sich daran ohne das nötige Fachwissen versucht.

Elektrotechnik

Für Fragen steht hier mit Sicherheit zuerst der Fachelektriker zur Verfügung. Nicht abnehmen können wird er dem Stallbesitzer die Entscheidungen über den Umfang der elektrotechnischen Installation. Jeder muss für sich entscheiden, welchen Aufwand er betreiben möchte. Ein Kostenvoranschlag und die Beratung des Elektrikers aber können schließlich dabei helfen.

Schließt der Stall nicht direkt an ein Gebäude mit Stromanschluss an, muss man über ein Erdkabel (Type: NYY-JX 1,5/2,5 mm²) den Strom heranführen. Dabei sollte ein mindestens 60 Zentimeter tiefer Graben ausgehoben und das Erdkabel vom Fachmann eingelegt werden. Dieses wird vollständig mit Flusssand umgeben. Darauf schütten Sie noch einmal etwa zehn bis 15 Zentimeter Flusssand, ehe Sie ein Warnband darüberlegen. Erst dann decken Sie es mit Erde ab. Bei zukünftigen Grabungsarbeiten ist an diesem Warnband sofort kenntlich, dass es bei allzu unvorsichtigem Vorgehen riskant werden kann.

Das Stromkabel wird entweder über die Wand in das Stallinnere geführt oder durch ein druckbeständiges Leerrohr, das bereits bei den Schalungsarbeiten für das Fundament eingelegt wurde. Es ist sinnvoll, an der Verteilereinheit im Stall eine stationäre Zeitschaltuhr und schaltbare Steckdosen vorzusehen. Dies ist zwar etwas teurer, kommt aber dem täglichen Tun sehr entgegen.

Die Kabel im Stallinneren wird ein Elektriker in kleinen Kabelkanälen oder schmalen Leerrohren verlegen. Wer die Elektroinstallation in Eigenregie durchführt, wird wahrscheinlich einfache Kabelklammern verwenden. Beide Möglichkeiten sind machbar, wenngleich Leerrohre meistens die Chance bieten, zu einem späteren Zeitpunkt weitere Kabel zu führen.

Beleuchtung

Es gibt zwei Gründe für eine elektrische Beleuchtung im Stall. Nicht alle Tätigkeiten lassen sich bei Tageslicht erledigen und Helligkeit oder Lichtstrahlung ist für die Legetätigkeit der Hühner entscheidend wichtig. Vor allem in der Herbst- und Winterzeit kann eine künstliche Verlängerung des Tageslichtes auf zirka 14 Stunden die Legeleistung enorm steigern.

Steckdosen

Im Stall sollten die Steckdosen grundsätzlich einen Deckel haben und mindestens 30 Zentimeter oberhalb vom Boden angebracht sein, damit sie, wenn sie gerade nicht gebraucht werden, vor Staub geschützt sind.

Spätestens wenn die Temperaturen deutlich unter 0 °Celsius fallen und das Wasser in den Tränken einfriert, wird man eine Steckdose im Hühnerstall zu schätzen wissen. Ein spezieller elektrischer Tränkenwärmer direkt unter der Tränke kann dann das Einfrieren verhindern, sodass den Tieren ganztägig Wasser zur Verfügung steht. Sonst wird man im Winter unter Umständen zweimal täglich frisches Wasser zu den Hühnern tragen müssen.

Heizung

Hühner sind winterhart und brauchen unter unseren mitteleuropäischen Bedingungen keine Heizung. Ist jedoch das Stallklima nicht optimal und vor allem eine zu hohe Luftfeuchtigkeit zu befürchten, können Frostwächter eine wertvolle Hilfe sein. Dabei handelt es sich nicht um eine Heizung im herkömmlichen Sinn, sondern um ein kleines Heizgerät, ähn-

Gut zu wissen

Übliche Lampen in Hühnerställen sind Feuchtraum-Röhrenleuchten oder Bootslampen. Bei beiden ist das Leuchtmittel unter einer Kunststoff- oder Glasabdeckung und damit vor Feuchtigkeit und starkem Staub geschützt.

Elektroinstallation mit Einzelschaltung für verschiedene Ställe, die zusätzlich über eine Zeitschaltuhr gesteuert werden können.

lich einem Heizlüfter, das ein Absinken der Stalltemperatur unter 0 Celsius verhindert.

Will man als Hühnerhalter oder gar -züchter Bruteier sammeln und muss dies im Hinblick auf eine vollständige Entwicklung der Tiere schon im zeitigen Frühjahr tun, kann ein solcher Frostwächter die zu starke Auskühlung der Eier verhindern. Im Gegensatz zu den wirklich stromfressenden Heizsystemen aus dem Wohnungsbau sind die Frostwächter absolut sparsam.

Es versteht sich von selbst, dass der Frostwächter aus Sicherheitsgründen mindestens 70 Zentimeter über der Einstreu angebracht werden muss. Ideal ist es natürlich, wenn er gar nicht im eigentlichen Stall aufgehängt wird, sondern in einem kleinen Vorraum – so kann kein Huhn direkt mit ihm in Kontakt kommen.

Wassertechnik

Ob man sich für einen Wasseranschluss im Hühnerstall entscheidet, sollte gut überlegt sein, denn normalerweise braucht man außer dem täglich frischen Trinkwasser im Stall kein weiteres Wasser. Lediglich bei größeren Beständen in mehreren Stallabteilen oder wenn beispielsweise kein entsprechender Raum zum Reinigen der Tränken vorhanden ist, sollten Sie überlegen, ob sich diese Investition lohnt. Der Wasserinstallateur ist dazu der richtige Fachmann, der Sie beraten kann.

Im Gegensatz zum Stromkabel muss ein Wasserrohr, wenn Sie den Anschluss auch im Winter nutzen wollen, unterhalb der Frostgrenze im Boden geführt werden. Das heißt, dass für ein nicht gesondert isoliertes Rohr ein Graben von einem Meter Tiefe ausgehoben werden muss.

Da das Wasserrohr üblicherweise unterirdisch in den Hühnerstall geführt wird, sollte auch dafür bereits bei der Schalung des Fundamentes ein Leerrohr eingeplant werden. Das Wasserrohr ist durch eine Isolierung dicker und so sollte man sich im Vorfeld mit seinem Installateur besprechen, welchen Durchmesser das entsprechende Leerrohr haben muss.

Automatische Tränksysteme

Ist ein Wasseranschluss im Stall vorhanden, können Sie mit sehr geringem Aufwand ein automatisches Tränksystem einbauen – wie es in der Wirtschaftsgeflügelzucht üblich ist. Die finanziellen Aufwendungen dafür sind sehr gering. Ob man sich für eine Nippel- oder eine Napftränke entscheidet, ist dabei den persönlichen Vorlieben des Hühnerhalters vorbehalten.

Neben den Tränken benötigen Sie die entsprechenden Kunststoffschläuche und Verbindungsstücke sowie einen Ausgleichswasserkasten, der vor dem Tränksystem direkt an die Wasserleitung angeschlossen wird.

Die meisten Hühnerhalter und -züchter haben immer noch Bedenken gegen solche automatischen Tränksysteme. Doch diese sind unbegründet, denn neben den geringen finanziellen Aufwendungen und dem sehr zeitsparenden System darf man vor allem die hygienischen Vorteile nicht unterschätzen, die diese Systeme haben. Wer bereits einen Wasseranschluss hat, sollte sich diese Möglichkeit durchaus durch den Kopf gehen lassen und dabei die Bestandsgröße als das allein entscheidende Kriterium ansehen.

Waschbecken

Ein Waschbecken ist eigentlich nur dann vorzusehen, wenn sich vor den eigentlichen Stall ein kleiner Wirtschaftsraum anschließt. Dort leistet das Waschbecken bei der täglichen Reinigung der Tränke und der Wiederbefüllung wertvolle Dienste. Einfache Metallbecken oder stabile Kunststoffbecken sind hier am praktischsten. Bei der Platzierung des Waschbeckens ist zu berücksichtigen, dass die Oberkante des Beckens zum Auslauf des Wasserhahns entsprechend groß gewählt wird, denn dann lassen sich die Tränken, die meistens höher als breit sind, leicht und ohne Behinderung befüllen.

Abwasser

Grundsätzlich muss der Leitung entnommenes Wasser dem Wasserkreislauf, in diesem Fall dem Abwasserkreislauf, wieder zugeführt werden. Deshalb sollte der Stall unbedingt an die Kanalisation angeschlossen sein. Meist ist dies mit wenig Aufwand möglich. Doch wenn nicht, wird man auf ein Waschbecken verzichten müssen oder das Wasser aus dem Waschbecken in einem Eimer abfangen und an den nächsten Ausguss tragen. Alternativ kann ein größerer Behälter in die Bodenplatte eingebracht werden, der von Zeit zu Zeit mit einer Pumpe entleert wird.

Tipp

Das Tränksystem mit dem Ausgleichswasserkasten kann aber auch ohne Anschluss an eine vorhandene Wasserleitung genutzt werden. Dann müssen Sie ihn eben mit der Gießkanne füllen. Man hat den gleichen Effekt wie bei anderen Tränken mit Wasserreservoir. Die Tränknippel oder auch kleinen Trinknäpfe haben aber den entscheidenden Vorteil, dass das Wasser stets sauber ist.

Aus Alt mach Neu

Grundfläche gesamt: 9,00 m²
Stallfläche: 9,00 m²
Besonderheiten: Begehbarer Stall, der für alle Zwecke der Hühnerhaltung genutzt werden kann.

„Als wir unser Haus, das so Anfang der 1950er gebaut wurde, vor zehn Jahren kauften, haben wir erst auf den zweiten Blick entdeckt, dass sich in einer Ecke des Gartens ein alter Hühnerstall befand. Diesen wollten wir dann aus dem Dornröschenschlaf erwecken. Am Anfang dachten wir an ein kleines Gartenhaus für allerlei Gerätschaften, aber dann haben

wir den Entschluss, ihn seiner ursprünglichen Bestimmung wieder zu übergeben, bis heute keinen Tag bereut."
So berichteten seine stolzen Besitzer. Nachdem sie sich über die Hühnerhaltung in mehreren Büchern kundig gemacht und mit einigen Hühnerhaltern unterhalten hatten, erkannten sie ziemlich schnell, dass „ihr Stall" so ziemlich alles mitbrachte, was für ein glückliches Hühnerleben vorhanden sein muss:
„Erneuern mussten wir eigentlich nur das Kotbrett und die Sitzstangen, denn sie waren im Lauf der Jahre abhanden gekommen. Mit einer Siebdruckplatte und gehobelten Dachlatten war die Einrichtung bald wiederhergestellt. Etwas größerer Aufwand war es,

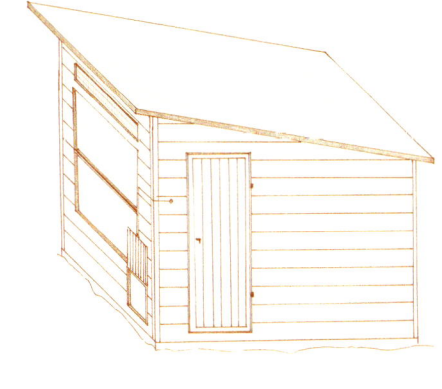

die Innen- und Außenwände zu restaurieren. Wie ursprünglich haben wir die Innenwände mit Kalkmilch gestrichen, nachdem wir sie zuvor mit der Drahtbürste gereinigt hatten. Die Außenwände haben wir intensiv abgeschliffen und danach zweimal mit einer Holzlasur eingelassen. Seither sieht der Stall wieder aus wie neu und hat sich im Garten mit unseren Hühnern zu einem echten Hingucker entwickelt."

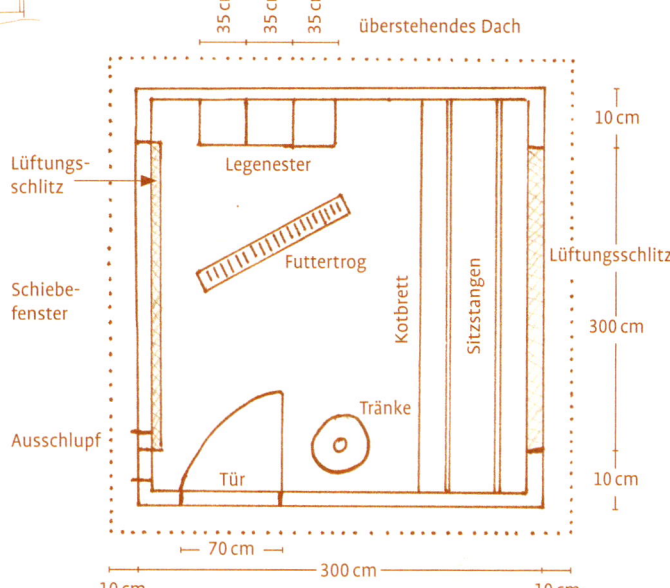

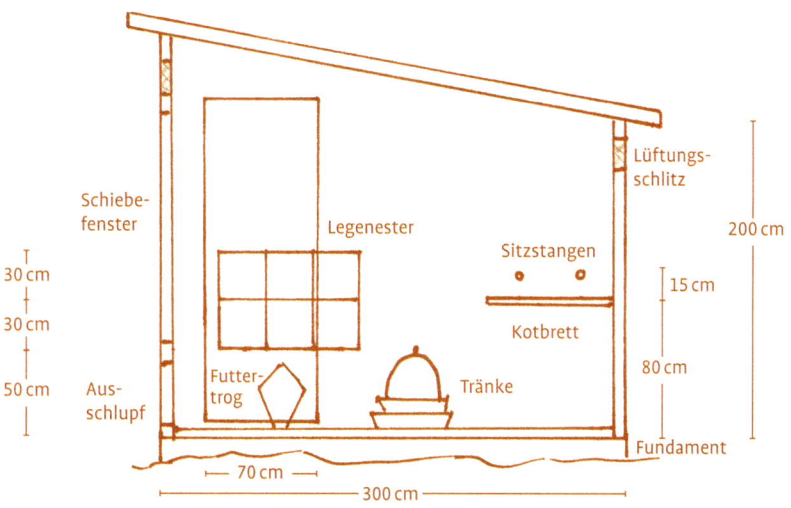

Inneneinteilung und Einrichtung

Tipp

Haben Sie die Absicht, mehrere Hähne zu halten, kann das Trennbrett 60 bis 70 Zentimeter hoch sein. Dadurch wird verhindert, dass sich die Hähne ständig sehen und durch das Abtrenngitter zanken können.

Nur bei Kleinstställen und privater Hühnerhaltung ohne Nachzuchtabsicht oder mit einem separaten Wirtschaftsraum braucht man sich um die Inneneinteilung eines Stalles keine Gedanken machen. Für die meisten Hühnerhalter und vor allem -züchter wird eine sinnvolle Inneneinteilung des Stalles wichtig sein. Jeder, der mit dem Gedanken spielt, Nachzucht von seinen Tieren zu erbrüten und aufzuziehen, wird um mehrere Stallabteile nicht herumkommen. Auch ambitionierte Geflügelzüchter, die mit mehreren Zuchtstämmen arbeiten und ihre Jungtiere nach Geschlechtern getrennt aufziehen, brauchen mehrere Stallabteile.

In Gemeinschaftszuchtanlagen der örtlichen Kleintierzuchtvereine sieht man oft größere Stallgebäude, die durch geschickte, zweckmäßige Einteilung nicht als ein, sondern als mehrere Ställe gezählt werden können. So ist es in jedem Fall sinnvoll, wenn man die Möglichkeit dazu hat, einen Wirtschaftsraum oder auch Vorraum vor dem eigentlichen Stall einzuplanen.

Abtrennungen

Will man einen größeren Stall in mehrere Teilställe abtrennen, sollte man die Wände möglichst ohne größeren Aufwand erstellen. Als Rahmenhölzer verwendet man gehobelte Holzbalken im Format 4×4 Zentimeter. Diese werden wiederum mit Metallwinkeln und Schrauben an Boden, Decke und Wänden befestigt. Zur zusätzlichen Stabilisierung bringt man am Boden als Abtrennung ein Holzbrett von etwa 25 bis 30 Zentimeter Höhe an.

Im Türenbereich sollte ebenfalls ein Trennbrett angebracht werden, doch sollte dieses maximal 30 Zentimeter hoch sein, damit den Tieren ein ungestörtes Hindurchgehen möglich ist. Neben der höheren Stabilität erfüllt dieses Brett aber noch einen ganz einfachen Zweck: Es kann keine Einstreu zwischen den Ställen hin- und hergelangen.

Die Fläche zur Decke hin kann mit Armierungsmatten für Stuckateure abschließen. Sie sind mit einer einfachen Drahtschere zu beschneiden und haben eine Maschenweite von 5×5 Zentimeter. Dies hat den Vorteil, dass sich darin kein Staub verfängt, der kleinmaschigeres Geflecht auf die Dauer unansehnlich machen würde. Bei vollständig geschlossenen Abtrennungswänden ist nachteilig, dass eine Überprüfung des Gesamtbestandes nur dann möglich ist, wenn jeder einzelne Stall geöffnet wird.

Vor dem Eingang zum ersten Teilstall ist es ratsam, einen Metallrost als Schuhabstreifer vorzusehen, der nicht unbedingt dauerhaft befestigt zu sein braucht. Beim Wiederverlassen transportiert man so nicht unnötig Einstreubestandteile an den Schuhen mit nach außen.

Die einfachsten Türen sind für Abtrennungen gerade richtig, sie sollen ihren Zweck erfüllen, aber keinesfalls schwer sein. Sinnvoll sind Türen, die ganz aus einer einzigen Holzplatte bestehen. Mehrschichtplatten haben die nötige Stabilität und vor allem verziehen sie sich nicht. Je nach Bedarf kann man ein Sichtfenster aussägen und mit dem grobmaschigen Armierungsdrahtgeflecht bespannen. Beim Aussägen muss man darauf achten, dass der bleibende Rahmen auf allen Seiten mindestens 20 Zentimeter beträgt. Zum gefälligeren Aussehen lässt man den unteren Rahmen etwas breiter (30 cm) stehen. Befestigt wird die Tür mit einfachen Scharnieren, die bei dem geringen Gewicht solcher Türen vollauf reichen.

Eine interessante Alternative zu normal angeschlagenen Türen sind Schiebetüren, vor allem bei schmaleren Ställen. Die Gestaltung der Türen ist dabei dieselbe, nur dass die Türen in U-Profilen geführt werden. Im Metallfachhandel gibt es entsprechende Systeme, sodass Sie das für sich passende auswählen können. Grundsätzlich ist darauf zu achten, dass genügend Stabilität vorhanden ist. Nicht selten findet man nämlich Aufhängungen, die für Schranktüren konzipiert wurden. Sie sind so filigran, dass sie der Staubbelastung in einem Hühnerstall auf Dauer kaum Stand halten. Lieber ein einfaches, aber stabiles System auswählen.

Stalleinrichtung

Damit sich Hühner wohlfühlen, muss nicht nur der Stall einigen Anforderungen genügen, sondern auch die Inneneinrichtung muss so gestaltet sein, dass sie den Hühnern entgegenkommt. Dabei sollte man immer wieder hinterfragen, inwieweit die Einrichtung dem natürlichen Artverhalten der Hühner entgegenkommt.

Keinesfalls darf man dabei aber vergessen, dass sich das Huhn schon sehr lange im Haustierstand befindet und deshalb einiges an seinem Verhalten verändert hat – aus dem Wildtier Huhn hat sich das Haushuhn entwickelt, das einer bestimmten Rasse angehört und deshalb zum Teil ein sehr rassespezifisches Verhalten zeigt, dem bei der Haltung und Pflege entsprochen werden muss.

Sitzstangen

Die Wildform unserer Hühner, das Bankivahuhn, sucht sich für die Nacht eine erhöhte Sitzgelegenheit. Dieses „Aufbaumen" genannte Verhalten hat sich auch bei unseren Hühnern und Zwerghühnern bis heute erhalten. Die Anbringung von Sitzstangen im Stall ist deshalb die logische Konsequenz. Hier werden die Hühner die ganze Nacht und andere Ruhephasen verbringen. Dabei gehen Hühner recht bald „in die Federn" und stehen bei frühem Sonnenaufgang wieder auf.

Angebracht werden die Sitzstangen in der Regel an der Stallrückwand und in einer Höhe von etwa einem Meter. Diesen Abstand vom Boden erreichen die meisten Hühner und Zwerghühner mühelos. Bei sehr schweren Hühnerrassen wie Kämpfern, Orpington, Cochin und anderen sowie Zwergrassen, die kaum fliegen wie Zwerg-Cochin, Chabo, usw., sollten die Sitzstangen aber wesentlich tiefer angebracht werden. Hier können bereits 30 Zentimeter ausreichend sein. Denn weniger das Aufbaumen ist das Problem, sondern vielmehr das Herunterfliegen oder -hüpfen. Dies kann vor allem bei den schweren Rassen zu Verstauchungen und sogar Beinbrüchen führen.

Als Material für Sitzstangen sollten auf jeden Fall gehobelte Latten verwendet werden. Gehobelt deshalb, weil sich dann darauf kein Ungeziefer halten kann, das vor allem bei den in Ruhe sitzenden Hühnern schmarotzen will. Um ein höheres Wohlbefinden beim Sitzen zu erreichen, sollten die Kanten der Sitzstangen gebrochen, also mit einem Hobel oder Schleifpapier abgerundet werden.

Im Gegensatz zu anderen Vögeln sind die Sitzgelegenheiten für Hühner und Zwerghühner nicht rund, sondern etwa vier bis sieben Zentimeter breit. Je nach dem Gewicht der gehaltenen Hühnerrasse und der Länge der Sitzstangen ist die Stärke zu wählen. Bei sehr leichten Zwerghühnern und einer Länge von etwa einem Meter können gehobelte Dachlatten durchaus sinnvoll sein. Bei allen anderen sollte die Stärke mindestens vier Zentimeter betragen. Sehr praktikabel sind nach eigener Erfahrung Sitzstangen mit einer Stärke von sechs Zentimeter, dann braucht man sich auch um ein zu starkes Durchbiegen keine Gedanken zu machen.

Weil Sitzstangen ziemlich stark beansprucht werden, muss der Holzqualität besondere Aufmerksamkeit gewidmet werden. Latten

Links: Einfache, aber zweckmäßige Unterteilung eines größeren Gebäudes in mehrere Einzelställe.
Rechts: Ein kleiner Stall, gemütlich und praktisch eingerichtet.

und Balken mit Astlöchern und Einrissen sind mit Sicherheit nicht geeignet. Da sich Federlinge, Läuse und anderes Getier mit Vorliebe im Bereich der Sitzstangen aufhalten, können Sie die Latten immer wieder mit Kalkmilch streichen oder einem Bekämpfungsmittel besprühen. Vor allem sollten Sie sie regelmäßig austauschen, etwa in einem Turnus von drei bis fünf Jahren.

Befestigt werden die Sitzstangen mit Schrauben, wenn der Halt dauerhaft sein soll. Für eine bessere Reinigungsmöglichkeit, auch an den Auflagen der Sitzstangen, werden sie oft lose gelagert. Dazu schraubt man an den Wänden kleine Bretter so an, dass die Sitzstangen eingelegt werden können. Bei der Reinigung und Desinfektion können sie dann einfach entfernt und gesäubert werden.

Hühner schlafen oben, so lautet die Grundregel. Eine Ausnahme bilden wohl die Seidenhühner, wie das Bruno-Dürigen-Institut, der Wissenschaftliche Geflügelhof des Bundes Deutscher Rassegeflügelzüchter bei, Forschungen herausgefunden hat. Diese Hühner versammeln sich zur Nacht in richtigen Familienknäueln auf dem Boden. Dieses Verhalten zeigen auch junge Hühner anderer Rassen. Auf die Sitzstangen geht es erst, wenn sie im Teenager-Alter sind. Bei Hühnern bedeutet dies also, wenn sie etwa drei Monate alt sind.

Kotbrett

Da Hühner während der Nacht sehr viel Kot absetzen, bringt man unter den Sitzstangen ein Kotbrett an. Brett ist dabei eigentlich nicht der richtige Begriff, vielmehr handelt es sich in Idealfall um eine Holzplatte mit einer möglichst glatten und widerstandsfähigen

Gut zu wissen

Bei Rassen mit normal langem Schwanzgefieder sollte der Abstand der ersten Sitzstange von der Wand etwa 30 bis 35 Zentimeter betragen. Bei Zwerghühnern kann er um fünf Zentimeter reduziert werden. Der Abstand von Sitzstange zu Sitzstange beträgt 30 Zentimeter. Pro Meter Sitzstange können etwa vier bis fünf große Hühner oder sechs bis acht Zwerghühner eine Schlafstatt finden.

Oberfläche. Dies ist besonders wichtig, denn Hühnerkot kann recht aggressiv sein und gewöhnliche Pressspanplatten würden ziemlich schnell ramponiert aussehen. Auch sind Stöße, wie sie bei der Aneinanderreihung mehrerer Bretter entstehen, aus hygienischer Sicht problematisch.

Da die Hühner das Kotbrett unter Umständen auch betreten, muss eine genügende Stabilität gewährleistet sein. Eine Mehrschichtplatte mit zirka 30 Millimeter Stärke ist dafür am besten geeignet, ebenso Siebdruckplatten. Das Kotbrett wird natürlich größer gewählt als der Platz unter den Sitzstangen. An der Wand soll es bündig abschließen und über die vorderste Sitzstange mindestens 25 Zentimeter hinausragen, um wirklich den anfallenden Kot komplett aufzunehmen.

Viele Halter geben dem Kotbrett ein Gefälle von etwa 5 % nach vorne, was die Reinigung erleichtert. Damit der relativ feuchte Nachtkot nicht zu stark am Kotbrett anklebt, wird schon seit langer Zeit Holzasche darauf gestreut. Auch eine leichte Kalkschicht oder eine geringe Menge der sonstigen Stalleinstreu erfüllt diesen Zweck und vereinfacht die Entfernung des Hühnermistes.

Kotbunker

Wer den Nachtkot nicht jeden Tag entfernen kann oder nicht will, dass die Tiere Zutritt zum Kotbrett haben, findet im Kotbunker eine sinnvolle und wohl die häufigste Alternative. Der Vorteil dabei ist, dass eine optimale Entfernung des Nachtkotes, selbst täglich ohne großen Aufwand möglich ist.

Während der Bunker in der Breite des Kotbrettes bündig geplant sein muss, sollte er in der Tiefe etwa vier Zentimeter knapper bemessen sein. Für genügend Stabilität sollten die Bretter, am besten gehobelte Ware oder Mehrschichtplatten, etwa 3 Zentimeter

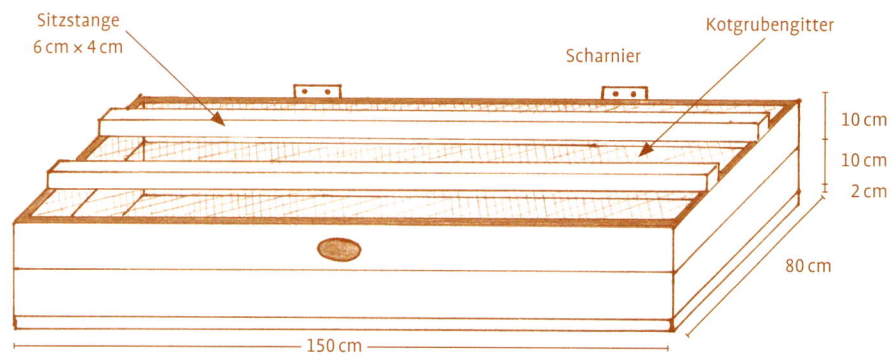

Sitzstange
6 cm x 4 cm

Scharnier

Kotgrubengitter

10 cm
10 cm
2 cm

80 cm

150 cm

Praktikabler Aufbau eines einfachen Kotbunkers.

Ein geschlossener Kotbunker mit fest aufmontierten Sitzstangen.

stark sein. Die Bunkerhöhe sollte in der privaten Hühnerhaltung 20 Zentimeter eigentlich nicht übersteigen, sodass die Bretthöhe entsprechend zu wählen ist. Die Bretter werden mit Schrauben verbunden. Bei Kotbunkern, die länger als zwei Meter sind, sollte zur Stabilisierung zusätzlich ein weiteres Brett in die Tiefe eingeplant werden.

Auf den Kotbunker wird dann ein spezielles Kotgrubengeflecht aufgenagelt, das man im Fachhandel, aber auch in jeder Drahthandlung bekommt. Es hat eine Maschenweite von 2,5×5 Zentimeter. Der Kot kann ohne Probleme durchfallen, die Tiere aber haben einen sicheren Stand auf dem Gitter oder können ohne Schwierigkeiten darauf laufen. Auf diesen Kotbunker werden die Sitzstangen geschraubt.

In Bunkerhöhe bringt man nun an der Rückwand des Stalles einen zirka vier Zentimeter breiten Balken an und stellt den Kotbunker dagegen. Dann verbindet man mit einem Scharnier pro laufende 80 Zentimeter den Kotbunker mit dem Balken. So lässt sich der gesamte Bunker mit Sitzstangen zum Reinigen des Kotbrettes anheben und mit einem daruntergestellten Brett fixieren.

Bei der üblichen Stalleinteilung werden das Kotbrett und ein eventuell damit verbundener Kotbunker an der Rückseite des Stalles eingerichtet, sodass die einströmende Frischluft darüberstreichen muss und den Kot schneller abtrocknet. Dies ist für ein gutes Stallklima entscheidend, denn trockener Kot dünstet wesentlich weniger Ammoniak aus, der verantwortlich für den stickigen

Geruch in manchen Ställen ist. In einem solchen Fall muss man sich um eine deutlich bessere Lüftung bemühen und den angefallenen Kot öfter entfernen.

Legenester

Legenester gehören in jeden Stall, in dem Hühner oder Zwerghühner leben, die im legefähigen Alter sind. Meistens sind diese Nester relativ einfach konzipiert. Beispielsweise aus Holzkisten, die üblicherweise aus Plattenware hergestellt werden und eine Grundfläche von etwa 35×35 Zentimeter besitzen. Auch eine Höhe von 35 Zentimeter genügt den meisten Hühnerrassen. Lediglich für absolute Riesen können die Maße etwas großzügiger bemessen werden.

An der Vorderseite des Legenestes ist es sinnvoll, eine knapp zehn Zentimeter hohe Latte in seitlichen Führungsleisten anzubringen. Wird die Nesteinstreu, die gewöhnlich aus einer Mischung von Hobelspänen und Stroh besteht, gewechselt, kann es entfernt werden. Dadurch lässt sich das Nestinnere vollständig reinigen, was bei festmontierten Vorderfronten kaum möglich ist und damit auch eine Desinfektion wesentlich erschwert wäre.

Bei Legenestern mit offenen Vorderfronten sind ein Anflugbrett, das gute 20 Zentimeter breit ist und vor den Nestern verläuft, oder zwei Anflugstangen nicht unbedingt erforderlich. Bei Nestern mit sehr kleinen Öffnungen beziehungsweise den meisten Fallennestern, sollten Sie darauf aber nicht verzichten. Ist aber die Anflughilfe für die Rasse unbedingt nötig, sollten Sie diesen Vorbau klappbar gestalten, sonst wird diese Sitzgelegenheit als Ruhestange für die Nacht missbraucht und die Nester unter Umständen verschmutzt.

Um zu verhindern, dass sich die Hühner auf das Nestdach setzen, sollten Sie ein schräges Brett anbringen, das wie ein Dach auf den Nestern wirkt. Auch die seitlichen Öffnungen müssen natürlich verkleidet werden.

Da Hühner meistens gleichzeitig zur Eiablage schreiten, sollten Sie in jedem Stall mindestens zwei Legenester vorsehen, die in der Regel nebeneinander angeordnet werden. Bei größeren Beständen sieht man die Nester sowohl neben- als auch übereinander vor, sodass eine richtige Nestfront entstehen kann.

Übereinander- und nebeneinander angebrachte Nester, die etwas abgedunkelt liegen, was den Hühnern entgegenkommt.

Man rechnet ein Legenest für drei bis fünf Hühner, wobei mindestens zwei eigentlich immer vorhanden sein sollten. Während einige Hennen geradezu darauf erpicht sind, mit ihren Artgenossen ein Nest zu teilen und manchmal gleich zu mehreren in einem Nest sitzen, bevorzugen andere die absolute Einsamkeit zur Eiablage. Ist dann kein freies Nest vorhanden, wird das Ei auch einmal auf dem Stallboden abgelegt und verschmutzt oder gar beschädigt.

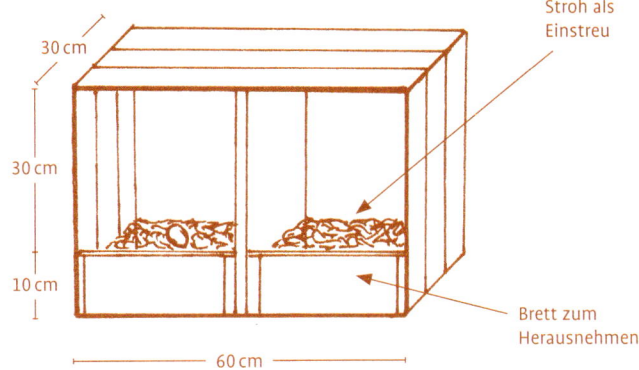

Einfacher Aufbau eines Nestes mit herausnehmbaren Frontbrettern.

Für Züchter ist die genaue Abstammung der Nachzuchttiere entscheidend, so werden sie deshalb während der Zeit des Bruteiersammelns auf sogenannte Fallnester zurückgreifen. Diese besitzen einen Verschlussmechanismus, der aktiviert wird, sobald eine Henne das Nest betreten hat. Der Züchter wird den Stall im etwa zweistündlichen Rhythmus kontrollieren. Die in die „Falle" gegangene Henne wird wieder in die Freiheit entlassen und das Ei mit der Kennung des Huhnes versehen. Dies ist allerdings ein Aufwand, der nur von einem kleinen Teil der Geflügelzüchter betrieben wird. Und kaum jemand wird noch Fallnester selbst bauen. Der Fachhandel bietet preisgünstig ideale Fallnester an, die keine Wünsche offen lassen.

Das unterste sollte bei mehreren übereinander liegenden Nestern etwa 70 Zentimeter vom Boden entfernt sein. Sonst darf die Höhe auch einen Meter betragen. Bei Rassen, die kaum oder gar nicht fliegen, kann ein Nest auch auf den Boden gestellt werden. Ob man sich hier für extra geschreinerte Holzkisten entscheidet, muss jeder für sich entscheiden.

Da auf dem Boden stehende Nester kaum fest mit dem Stall verbunden sind, gehen viele Hühnerhalter hier einen unkomplizierteren Weg und polstern gewöhnliche Obstkisten oder einfache Kunststoffeimer mit Stroh aus. Diese erfüllen den gleichen Zweck und können bei der Stallreinigung einfach zur Seite geräumt werden. Um eine höhere Standfestigkeit zu erreichen, sollten Sie den Eimer etwa gut zur Hälfte mit Sand füllen, ehe Sie die Stroheinlage einbringen. Bei auf dem Boden stehenden Nestern sollte man aber die Nesteinstreu wöchentlich erneuern, weil die Staubentwicklung unten einfach größer ist als weiter oben im Stall.

Staubbad –
die Wellnessoase

Welche Freude die Hühner dabei haben, wird klar, wenn man den „Badevorgang" live erlebt. Genüsslich neigt sich die Henne nach vorne, sträubt das Gefieder und stellt die Flügel ab. Durch hin- und her- sowie auf- und niederschütteln wirbelt sie das „Staubgemisch" nur so durch die Luft. Danach ist das Huhn regelrecht mit Staub überzogen. Während einige gleich aufstehen und sich schütteln, legen sich andere auf die Seite. Sie strecken die Beine von sich und spreizen den Flügel. So bleiben sie noch einige Zeit liegen. Ganz besonders sichtbar wird dieses Verhalten bei strahlendem Sonnenschein – sie genießen regelrecht ihr Sonnenbad.

Hühner lieben Körperpflege. Täglich verbringen sie viel Zeit damit, ihr Gefieder mit dem Schnabel zu ordnen. Dabei werden die einzelnen Federn durch den Schnabel gezogen. Kleinere Verunreinigungen verschwinden so „von ganz alleine" wieder. Eine besondere Vorliebe haben Hühner jedoch für das Staubbad. Es trägt ganz entscheidend zum Wohlbefinden der Hühner bei. Gleichzeitig ist das Staubbaden ein deutlicher Indikator für den Gesundheitszustand Ihrer Hühner. Kränkliche und schwache Tiere meiden es, während gesunde Hühner das Staubbad zum Teil sogar mehrmals täglich aufsuchen.

Da es innerhalb der Hühnerherde eine strikte Hierarchie gibt, bleiben Streitigkeiten, die teilweise mit lautem Gegacker ausgetragen werden, nicht aus. Wer nun denkt, durch die Anlage mehrerer Staubbäder mehr Ruhe und Entspannung zu schaffen, den muss ich leider enttäuschen. Hühner sind nämlich sehr gesellige Tiere und lieben die Nähe ihrer Artgenossen. „Sie lieben und sie hassen sich" – so könnte man es auf einen Nenner bringen. Damit hat auch das Staubbad, in dem sich die Artgenossin bereits räkelt, ganz besondere Anziehungskraft. Hühner baden dabei besonders gerne im Freiland. Deshalb sollte man ihnen im Auslauf auf jeden Fall die Möglichkeit dazu geben. Bei längeren Stallaufenthalten, zum Beispiel im Winter oder bei Starkregenperioden, ist es aber auch unverzichtbar, ein Staubbad direkt im Stall anzulegen. Eine

Im trockenen Sand wälzen und sich schütteln – was für ein Leben.

Staubbaden macht zu mehreren gleich doppelt so viel Spaß.

etwa 15 Zentimeter hohe Holzkiste, die passend eingestreut ist, genügt vollauf.

Im Auslauf kann ein sehr interessantes Verhalten beobachtet werden: Dort bereitgestellte Staubbäder nehmen die meisten Hühner nur dann an, wenn das Naturstaubbad noch feucht ist. In aller Regel wählen die Hühner mindestens eine Stelle im Auslauf, um sich dort ihre Wellnessoase einzurichten. Dort wird intensiv gescharrt und eine regelrechte Kuhle geschaffen. Bevorzugt wird dabei ein Platz, der etwas geschützt und abseits des großen Trubels liegt. Wer Sträucher und Bäume in seinem Auslauf hat, wird schnell feststellen, dass gerade solche Plätze besonders gerne dafür präpariert werden. Die herausgescharrte Erde wird mit der Zeit sehr fein, regelrecht staubartig und genügt eigentlich vollauf.

Dieses von den Hühnern geschaffene Staubbad erfüllt also alle Zwecke und ist für sie ideal. Denn neben der Pflege können sie sich in diesen geschützten Bereich zurückziehen. Dort sind sie in der Regel sicher.

In großflächigen Ausläufen mit nur wenig Bepflanzung wird man nicht umhinkommen, auch hier ein gebautes Staubbad anzubieten. Eine offene Kiste wie im Stallinnern ist hier allerdings ungeeignet. Der Inhalt wäre der Witterung ausgesetzt und deshalb für den eigentlichen Bestimmungszweck nicht mehr geeignet. Das bedeutet, dass Sie für Schutz sorgen müssen. Eine

kleine Holzkiste, etwa so groß wie ein Kaninchenstall, die an drei Seiten offen ist, kann eine Alternative sein. Man hat aber sogar schon kleine gemauerte Staubbäder gesehen. Der Fantasie sind hier natürlich keine Grenzen gesetzt. Aufwand und Nutzen sollte man allerdings zuweilen in Relation stellen.

Bei einer kleinen Hühnerhaltung kann ein auf Stelzen gebauter Stall eine echte Alternative sein. Zum einen ist durch den Luftaustausch der Stallboden immer trocken und zum anderen wird der Raum unter dem Stall sehr gerne für ein Staubbad genutzt. Aber aufgepasst: Dieser Platz scheint für die Hühner eine ungemeine Anziehungskraft zu haben, sodass sie sich dort nicht nur ihr Staubbad, sondern gerne auch ein Nest einrichten. Ist die übliche Eierzahl auf einmal stark rückläufig, kann also ein Blick unter den Stall bestimmt nicht schaden.

Tipp vom Profi

Wer seinen Hühnern etwas Gutes tun will, kann dem Naturstaubbad etwas Sand und eventuell sogar Holzkohlenasche dazugeben. Sie werden erleben, wie emsig die Hühner zuerst darin picken, um sich dann mächtig einzustauben.

Staubbad

Hühner brauchen zu ihrer Gefiederpflege ein Staubbad. Eine etwa 15 Zentimeter hohe Holzkiste, die unter das Kotbrett gestellt wird, ist dazu gut geeignet. Sie wird gefüllt mit einem Gemisch aus Sand und trockener Erde und, wenn man hat, Holzasche. Die Grundfläche des Sandbades sollte so gewählt sein, dass zwei Hühner darin Platz haben.

Wenn die Hühner regelmäßigen Auslauf haben, kann man auf das Staubbad im Stall auch verzichten. Entweder Sie richten ein Staubbad ein oder Ihre Hühner werden es sich in einer Ecke, unter einem Busch oder Baum ihr natürliches Staubbad selbst einrichten. Mit Ausnahme von wenigen Tagen, an denen es dauerhaft regnet, können sie das Staubbad nutzen. Wenn Sie ab und zu eine kleine Menge Sand oder Holzasche dazu geben, ist alles bestens vorbereitet und pflegt das Gefieder seiner Hühner nachhaltig.

Einstreu

Auch wenn nicht unbedingt zur Inneneinrichtung des Stalles gehörig, muss der Einstreu etwas Aufmerksamkeit geschenkt werden, denn sie kann das Stallklima äußerst negativ beeinflussen. Durch den Einbau von Kotbrettern reduziert sich der Kotanteil in der Stalleinstreu stark. Lediglich bei längeren Stallhaltungsperioden wird er größer sein.

Dennoch sollten Sie darauf achten, dass die Stalleinstreu genügend Feuchtigkeit aufnehmen kann. Sie bindet Spritzwasser aus der Tränke und die Feuchtigkeit der Luft und reguliert sie so in einem gewissen Rahmen. Einstreu, die klumpig ist, zeugt von zu hoher Feuchtigkeit im Stall und damit von einem mit Sicherheit nicht gesundheitsfördernden Stallklima. Ist dies im Winter der Fall, kann es sogar zu Erfrierungen an Kamm und Kehllappen kommen. Wenn nicht innerhalb eines Tages eine Verbesserung festgestellt werden kann, muss die gesamte Einstreu entfernt werden. Sonst haben die Hühner schneller Schnupfen, als einem lieb ist.

Einstreu sollte neben den oben genannten Eigenschaften natürlich auch zum Scharren geeignet sein:

- Am häufigsten werden staubfreie Hobelspäne verwendet, die man im Fachhandel beziehen kann.
- Hanfstreu ist noch saugfähiger als Hobelspäne und kann deshalb als Alternative empfohlen werden.
- Kurzgeschnittenes Stroh als alleinige Stalleinstreu besitzt zu wenig Saugfähigkeit, in Verbindung mit Hobelspänen oder Hanfstreu ist es jedoch ideal. Die kurzen Halme animieren die Hühner zum Picken und Scharren und verhindern so Langeweile während längerer Stallhaltungsphasen, die unter anderem zum Federpicken führen kann.

Seite 81 oben:
Bei längeren Regenperioden wird die Grasnarbe stark beansprucht.

Seite 81 unten:
Punktuell aufgelegte Trittplatten sorgen für saubere Schuhe und zwar bei jedem Wetter.

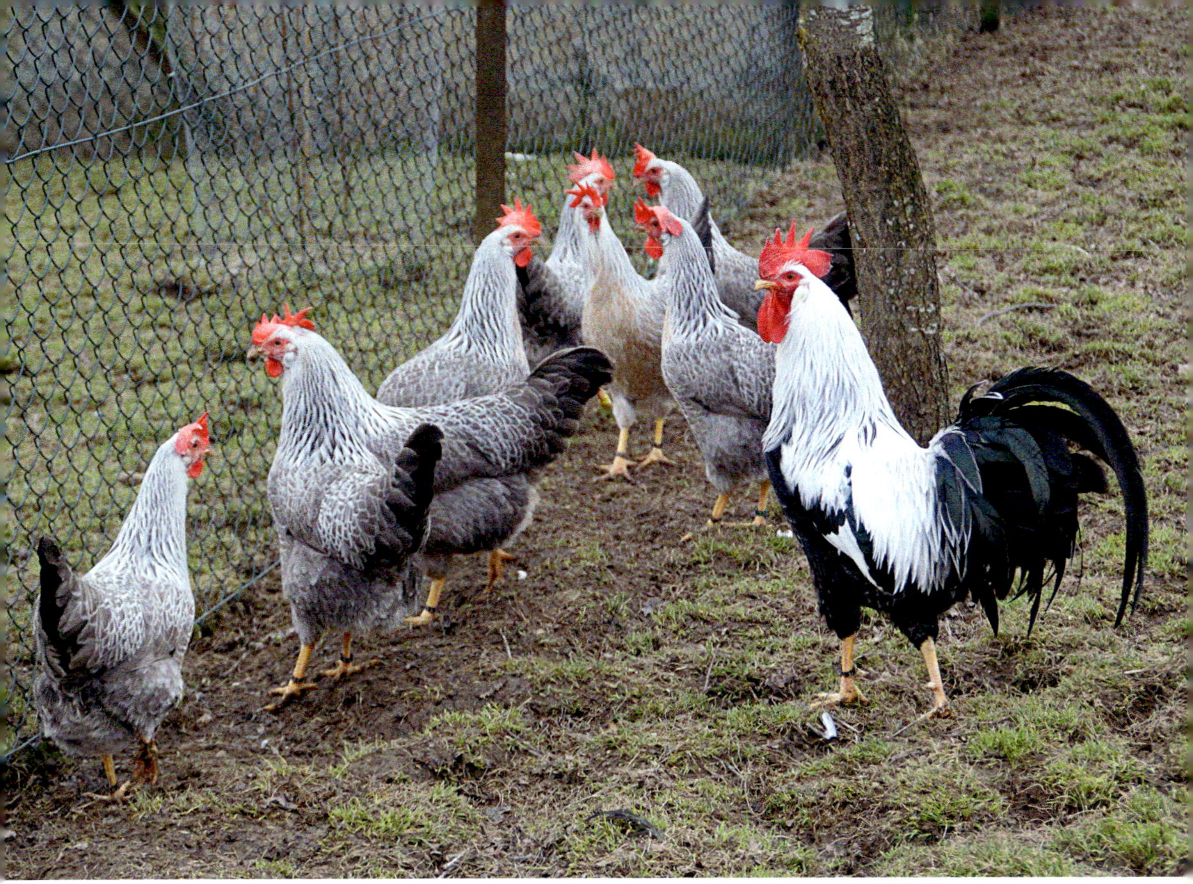

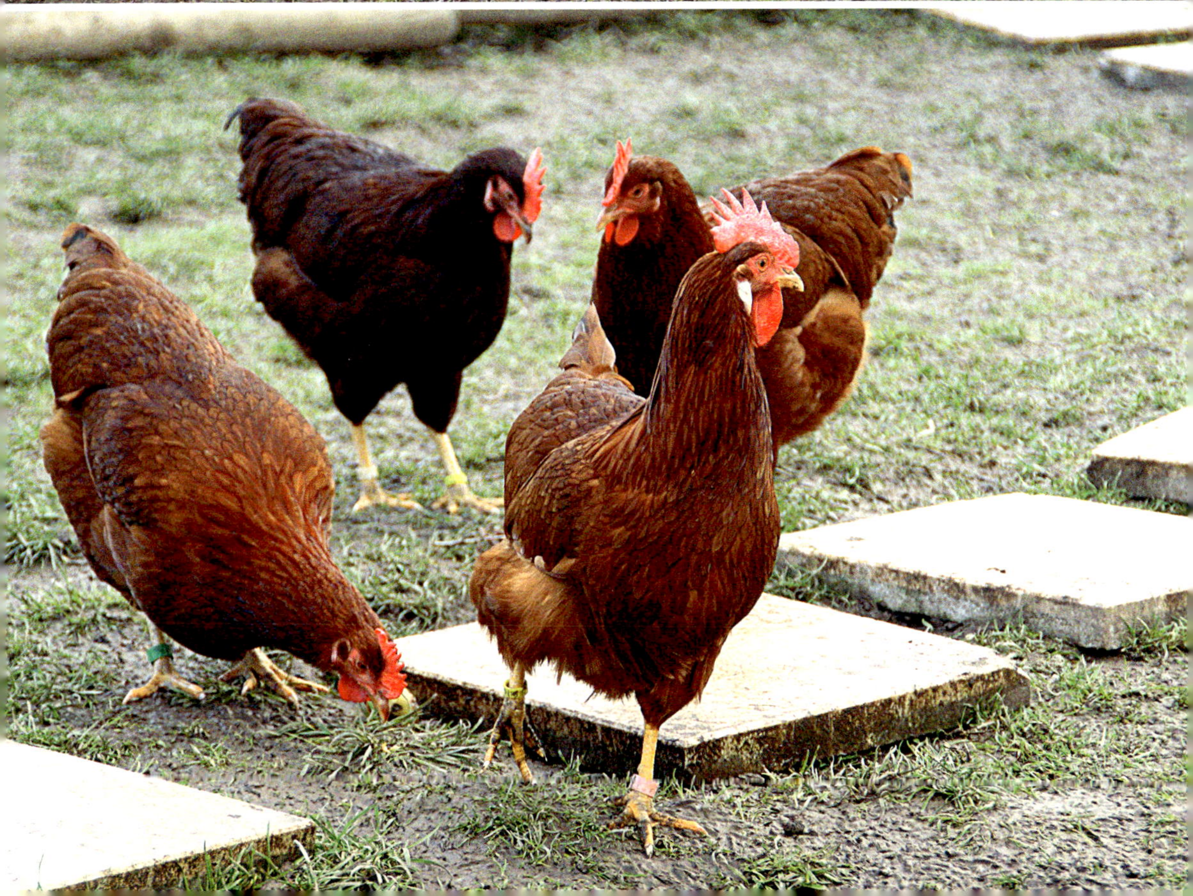

- Während des Sommers können geringe Mengen vollständig getrockneten Rasenschnittes in die Stalleinstreu gegeben werden, auch Spelzen, wie sie beim Reinigen von Getreide anfallen und im landwirtschaftlichen Fachhandel sowie in Mühlen nach Rücksprache zu bekommen sind. Die darin noch enthaltenen kleinen Getreidekörner animieren die Hühner ebenfalls zum regen Picken und Scharren.
- Torf, der früher oft verwendet wurde als Einstreumaterial, hat zwar eine immens hohe Saugfähigkeit, sollte aber wegen der höheren Staubentwicklung und aus Gesichtspunkten des Umweltschutzes nicht mehr verwendet werden.

Die Stalleinstreu wird gewöhnlich als Tiefstreu eingebracht, und zwar in einer Höhe von 15 bis 20 Zentimeter. Bei einem guten Stallklima und mit Kotbrett wird man diese Tiefstreu nie ganz austauschen müssen. Im Gegenteil – denn in der Tiefstreu bildet sich ein Mikroklima, das dem Wohlbefinden und der Gesundheit der Tiere durchaus dienlich ist. Aus diesem Grund entnimmt man nur in regelmäßigen Abständen, etwa alle zwei bis drei Monate, eine gewisse Menge der Tiefstreu und füllt mit frischen Bestandteilen auf.

Fütterungs- und Tränkenzubehör

Ausführliche Bauanleitungen für Futtertröge, Futterautomaten, Gritbehälter und sogar Tränken sind kaum mehr zeitgemäß, denn der Fachhandel bietet eine beinahe unüberschaubare Vielfalt an Utensilien für die Fütterung, die sich nicht nur in Ausführung, sondern auch im Material unterscheiden. Dazu kann man Tröge in verschiedensten Längen beziehen.

Tröge
Futtertröge werden aus Holz, Metall oder Kunststoff angeboten, wobei das Metall verzinkt ist und deshalb nicht rostet. Für den Außenbereich kommen natürlich nur Metall- oder Kunststofftröge in Betracht, weil sie witterungsbeständiger sind. Dabei sollten Sie sich überlegen, ob Sie überhaupt im Freien eine Futterstelle einrichten wollen. Viele andere Vögel fühlen sich davon geradezu magisch angezogen und somit ist die Gefahr von Krankheitsübertragungen gegeben. Deshalb werden die Hühner eigentlich ausschließlich im Stall gefüttert.

Um ein Herausschleudern des Futters zu verhindern, sind Tröge mit einem Fressgitter zu empfehlen. Jedes Huhn kann hier zwar gezielt fressen, den Kopf aber nicht stark hin und her bewegen, sodass Futter vergeudet wird. Vollkommen offene Tröge sind nicht geeignet, da Hühner sie gerne zum Ausruhen benutzen und dabei das Futter verschmutzen. Damit dies nicht geschieht, sollten die Tröge auf keinen Fall direkt auf den Boden gestellt werden, denn dann würde Einstreu in den Trog gescharrt.

Die Tröge stellt man 15 bis 30 Zentimeter, je nach Größe der Rasse auch höher. Dies geschieht am besten mit seitlich angeschraubten Brettern, die für genügend Standsicherheit drei Zentimeter breit sein sollen.

Die Hersteller von Trögen haben an ihren Produkten fast ausnahmslos seitliche Vorbohrungen, an die die Holzständer angeschraubt werden können. Eine Alternative zu hoch gestellten Trögen können hängende Tröge sein, die mit einer entsprechend langen Kette oder einem Draht an der Decke befestigt sind.

Wer seinen Hühnern Weichfutter anbieten will, sollte sich auf keinen Fall für einen Holztrog entscheiden, weil er sich wesentlich schlechter reinigen lässt. Besser eignet sich ein Kunststofftrog. Zwei Tröge, einer für trockenes, der andere für Weichfutter zur Verfügung zu haben, ist ideal. Die Troglänge sollte so gewählt sein, dass alle Tiere zugleich fressen können. Pro ausgewachsenes Huhn sollte dabei eine Länge von 12 Zentimetern gerechnet werden.

Futterautomaten

Bei größeren Beständen, zur eventuellen Bereitstellung von speziellen Futtermitteln oder zur Überbrückung von mehreren Tagen Abwesenheit können Futterautomaten sehr praktisch sein. Bei ihnen wird eine gewisse Futtermenge in einem Vorratsbehälter gelagert und nach und nach zum Fressen freigegeben. Futterautomaten haben entweder eine längliche Form, hauptsächlich werden sie aber in der runden verwendet. Die Größe des Futterautomaten hängt von der Bestandsgröße ab. Keinesfalls sollte der Automat zu groß gewählt werden, denn das nicht benötigte Futter kann unter Umständen den Stallgeruch annehmen und wird dann von den Hühnern nicht mehr gerne gefressen.

Futterautomaten werden im Handel üblicherweise in Kunststoff oder Metallausführung angeboten. Wer sich selbst einen Futterautomaten bauen will, greift auf die bewährten Mehrschichtplatten zurück. Während kastenförmige Futterautomaten fest an die Stallwand montiert werden, hängen die runden meist von der Decke herab.

Gritkasten

Da Hühner zur Verdauung Magensteinchen, den Grit, benötigen, wird ihnen dieser in einem kleinen, an der Wand befestigten Trog gereicht. Es gibt sehr preisgünstige Gritkästen zu kaufen, aber auch selbst gebaute Schälchen, die man an der Stallwand festmacht, erfüllen den Zweck.

Links: Ein hängender Trog verschmutzt nicht so schnell.
Rechts: Ganz einfach und schnell hergestellt ist der Unterbau für die Tränke aus Ziegelsteinen.

Grünfutterraufe

Bei Stallhaltung oder wenn der Auslauf kein Grünfutter mehr abgibt, sind Raufen eine sinnvolle Einrichtung im Hühnerstall. Relativ große Metallkörbe, die von der Decke abgehängt werden, eignen sich ideal dafür. Die Maschenweite der Körbe muss so eng sein, dass das kurz geschnittene Gras nicht durchfallen kann. Langes Gras darf nicht verfüttert werden, weil es sich im Kropf der Hühner zu Knäueln verbinden kann. Dies würde den Tod des Tieres nach sich ziehen.

Eine sehr einfache Alternative, die sich vor allem für die Fütterung von Brennnesseln oder sonstigen langstieligen Grünpflanzen wie Grünkohl, Topinambur usw. anbietet, ist die Verwendung von gewöhnlichen Gummispannern oder Expandern, auch Gepäckspinnen, die in das Drahtgeflecht der Voliere oder des Auslaufes eingehängt werden. Dadurch werden die Stängel genügend fixiert, sodass die Tiere Pflanzenteile einfach abzupfen können.

Obstbrett

Hühner picken bevorzugt an aufgeschnittenem Obst. Während dies im Auslauf kein Problem ist, würden in die Einstreu eingeworfene Obststücke schnell verschmutzt.

Um dies zu verhindern, wird ein Brett, auf dem etwa sechs Zentimeter lange Nägel ein Stück weit eingeschlagen sind, mit Schrauben an der Wand befestigt. Auf die Nägel können nun zum Beispiel aufgeschnittene Äpfel oder andere Obststücke gesteckt werden, die die Hühner nach und nach auspicken dürfen. Damit keine Verletzungsgefahr besteht, sollten die Nägel mit dem Kopf von der Wand weg zeigen und nicht etwa die Nagelspitze. Obststücke lassen sich trotzdem mühelos aufstecken.

Tränken

Immer frisches und vor allem sauberes Trinkwasser den Hühnern zur Verfügung zu stellen, muss das oberste Bestreben des Halters sein. Tränken sind entweder aus Kunststoff oder Metall. Je nach Bedarf können die Größen zwischen 0,5 l und 10 l gewählt werden. Bei der Auswahl der richtigen Tränke sollten Sie vor allem darauf achten, dass sie sich leicht reinigen lässt, denn eine saubere Tränke ist der beste Schutz vor Krankheitsübertragungen.

Sinnvoll sind Tränken, deren Wasserspeicher sich mit einem Bajonettverschluss mit dem abschließenden Teller verbinden lässt und die deshalb leicht zu tragen sind. Vor allem bei einem weiteren Weg von der Wasserquelle wird man diesen Vorteil bald zu schätzen wissen. Allerdings müssen Sie darauf achten, die Verschlüsse immer gut zu reinigen.

Tränkenhocker

Noch wichtiger als bei Futtertrögen ist die erhöhte Platzierung von Tränken, sonst würde die Einstreu einnässen, mit den bekannt negativen Folgen. Aber auch Einstreu- und Kotpartikel in der Tränke wären alles andere als ideal und eine Übertragungsquelle für Krankheiten. Tränken werden deshalb mit einem Tränkenhocker deutlich über der Einstreu aufgestellt, und zwar wie bei den Futtertrögen, angepasst an die Größe der Hühner, die in dem Stall gepflegt werden. Hier gilt der Grundsatz: so hoch wie möglich und so tief wie nötig.

Tränkenhocker sind ein Unterbau für die Tränken und sollten sehr standfest sein, weil eine gefüllte Fünf-Liter-Tränke leicht über fünf Kilogramm wiegt. Tränkenhocker werden oft aus Holz in Kistenform gebaut. Sehr geeignet als Tränkenhocker sind nach eigener Erfahrung auch Kalksandsteine. Sie haben eine sehr gute Standfestigkeit, glatte Oberfläche, die sich wenn nötig, leicht reinigen lässt oder sie können im Ganzen ausgetauscht werden.

Tränkenwärmer

Vor allem in den Wintermonaten, wenn das Wasser in den Ställen einfrieren würde, tun Tränkenwärmer einen guten Dienst. Sie sollten in der zur Tränke passenden Größe gewählt werden. Es gibt sie auch mit Regelthermostat – das Angebot des Fachhandels ist umfangreich. Jetzt zahlt es sich aus, wenn man bereits bei der Stallplanung eine Steckdose in der Nähe des Tränkenstandorts eingerichtet hat.

Gut zu wissen

Da Hühner kühles Wasser bevorzugen und die Wasseraufnahme mitentscheidend für ihre Leistungsfähigkeit ist, sollte die Tränke an einem schattigen Ort im Stall aufgestellt und keiner direkten Sonneneinstrahlung ausgesetzt werden.

Wohnmobil

Grundfläche gesamt: 18,00 m²
Stallfläche: 18,00 m²
Besonderheiten: Fahrbarer Stall, Auslaufbrett an den Ausschlüpfen.

„Ein alter Bauwagen ist mein Hühnerstall. Die Hühner halten sich meistens nahe am Stall auf, deshalb wird hier auch der Grasbewuchs stärker beansprucht. So fahre ich den Stall immer wieder zu einer anderen Stelle auf der Koppel. Hier weiden auch meine Schafe, deshalb konnte ich nicht einfach die Eingangstür den Hüh-

nern überlassen. Die Schafe wären sonst ebenfalls hineinmarschiert. So habe ich in den Wagen mehrere Schlupflöcher eingebaut und davor jeweils ein breites Anlaufbrett. Bei der Gestaltung des Stalles habe ich mich ziemlich nah an den fahrbaren Hühnerställen orientiert, wie sie in der landwirtschaftlichen Hühnerhaltung bis in die 30er-Jahre des 20. Jahrhunderts sehr beliebt waren. Das Stallinnere ist mit einfachen Drahtrahmen unterteilt. Das bringt Ruhe in die Hühnerherde und nicht viel mehr Aufwand beim Saubermachen. Die Sitzstangen sind mit einem Kotbunker an der Rückwand des Stalles angebracht, sodass die Hühner selbst nach einigen Tagen mit ihrem Nachtkot nicht in

Berührung kommen, was ich als sehr vorteilhaft erachte.
Weil die Schafkoppel nicht direkt an unserem Wohnhaus liegt, habe ich der Hühnerherde mehrere Perlhühner beigesellt. Sie schlagen Alarm, sobald sich ein Greifvogel am Himmel zeigt, und alle Tiere rennen in oder unter den sicheren Stall."

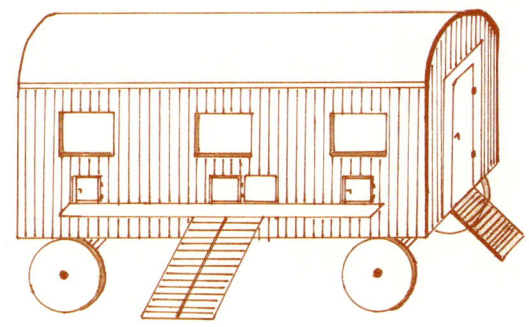

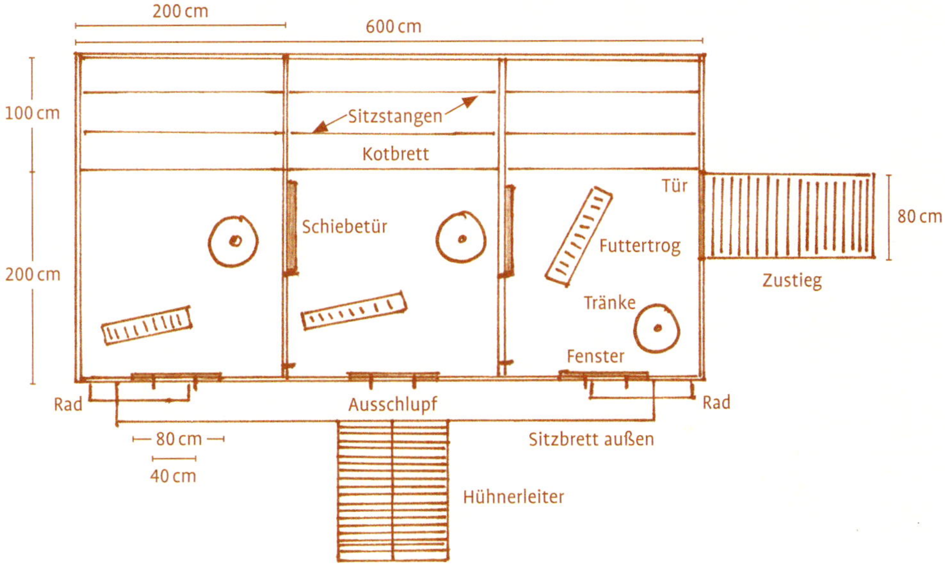

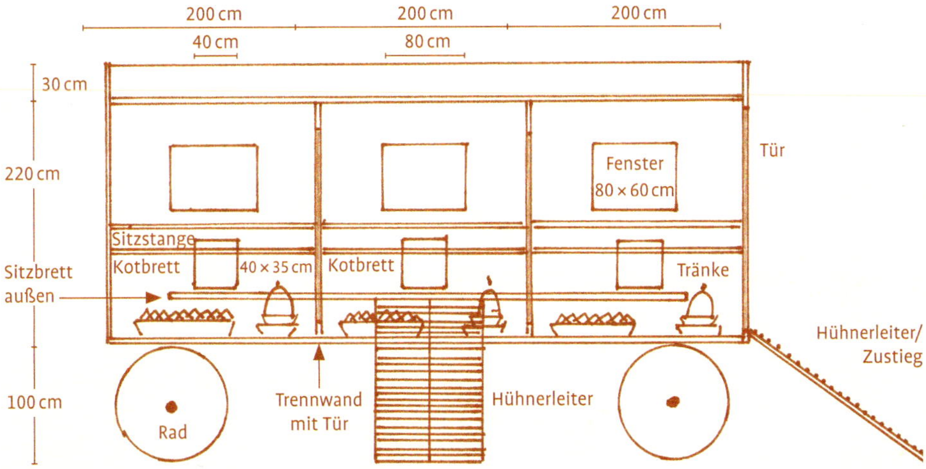

Obere Zeichnung:

200 cm — 600 cm

100 cm

Sitzstangen
Kotbrett

Tür

80 cm

Schiebetür

Futtertrog

200 cm

Zustieg

Tränke

Fenster

Rad

Ausschlupf

Rad

Sitzbrett außen

80 cm

40 cm

Hühnerleiter

Untere Zeichnung:

200 cm · 200 cm · 200 cm

40 cm · 80 cm

30 cm

Tür

220 cm

Fenster
80 × 60 cm

Sitzstange

Sitzbrett außen

Kotbrett · 40 × 35 cm · Kotbrett

Tränke

Hühnerleiter/
Zustieg

100 cm

Rad

Trennwand
mit Tür

Hühnerleiter

Wirtschaftsraum

Wo immer es möglich ist, sollte vor dem eigentlichen Stall ein Vorraum, und ist er noch so klein, eingeplant werden. Hier ist der Platz für den Sicherungsschrank der elektrischen Installationen und das Waschbecken, falls vorhanden. Hier sollte aber auch der Platz der Futterkiste sein, in der das Futter trocken und staubfrei gelagert werden kann.

Auf jeden Fall sollten Sie einen kleinen Schrank einplanen. Hier können Sie Futterergänzungsmittel und, davon abgetrennt, Desinfektions- und Ungezieferbekämpfungsmittel unterbringen. Aber auch Markierungsringe, eventuell ein Tränkenwärmer und sonstige Gegenstände, die mit der Hühnerhaltung zu tun haben, können Sie hier aufbewahren. Da es im Wirtschaftsraum durch die direkte Nähe zum Stall meistens recht staubig ist, sollte der Aufbewahrungsschrank mit Türen zu verschließen sein.

Nicht benötigte Tränken können an einem Haken aufgehängt werden und auch sonst findet jegliches Zubehör für die Hühnerhaltung im Wirtschaftsraum einen sicheren Aufbewahrungsort. Wer einen größeren Raum einplanen kann, vielleicht rassegeflügelzüchterische Ambitionen hat und sogar Ausstellungen beschicken will, kann hier die Gewöhnungsboxen und natürlich die Transportkisten unterbringen. Zu guter Letzt bietet der Wirtschaftsraum einen trockenen Aufenthalt für den Tierliebhaber bei schlechtem Wetter und oft die einzige Möglichkeit, seine Tiere zu beobachten, ohne den Stall selbst betreten zu müssen.

Wer mit Hühnern zu tun hat, wird schnell erkennen, wie viel Zubehör sich mit der Zeit ansammelt und den Wert eines Wirtschaftsraumes schätzen lernen. Sonst muss man sich meistens in einem Raum des Wohnhauses oder der Garage etwas Platz dafür schaffen.

Einrichtung

Die sachgerechte Futteraufbewahrung, die zeitweise Unterbringungen kranker Tiere, der Transport von Hühnern und nicht zuletzt geeignete Reinigungsutensilien werden den Hühnerhalter früher oder später beschäftigen. Die dazu verwendeten Gerätschaften werden, sofern möglich, hier untergebracht. Eine sinnvolle Gestaltung und Einteilung lohnt sich also.

Futterkiste

Damit es nicht verdirbt, müssen die Nahrungsmittel für die Hühner trocken und staubfrei gelagert werden und Kornkäfer, Mäuse oder gar Ratten sollten keinen Zugang haben. Schon deshalb verbietet sich eine dauerhafte Lagerung in Papiersäcken, in denen man das Futter hauptsächlich im Fachhandel bekommt. Es sollte also umgefüllt werden. Eine sehr gute Lösung sind Kunststofffässer mit Deckel, denn sie sind licht-, luft- und feuchtigkeitsdicht. Ein Problem ist, dass die Fässer am Boden stehen und der Bodenraum dann nicht überschaubar ist. Zum Reinigen muss man sie hin- und her bewegen, was, wenn sie groß und voll sind, sehr kraftaufwendig sein kann.

Sinnvoller ist deshalb eine Futterkiste auf Rollen. Sie kann bei Bedarf zur Seite geschoben werden. Da man solche Kisten nicht kaufen kann oder die sich an manchen Kisten befindenden Rollen das Gewicht auf Dauer nicht tragen würden, muss man zum Selbstbauer werden. Das beste Material dazu sind Mehrschichtplatten aus Holz, die eine glatte Oberfläche haben. Für eine gute Stabilität sollte man genügend lange Schrauben verwenden.

Die Größe der Kiste richtet sich nach dem vorhandenen Platz, keinesfalls sollte sie aber zu groß sein, sonst wird sie zu schwer und kann kaum mehr bewegt werden. Die Grundfläche sollte nicht mehr als 80×60 Zentimeter, die Höhe höchstens 70 Zentimeter sein. Sonst lässt sich die Kiste von außen kaum bis zum Boden entleeren. Der Deckel der Futterkiste wird mit Scharnieren befestigt und eventuell mit einem Schloss versehen.

Sinnvoll kann es sein, die Kiste innen zu unterteilen. Dann lassen sich zwei Futterarten, beispielsweise Körner- und Mehlfutter darin unterbringen. Grundsätzlich lässt sich der gleiche Futterkistentyp auch fest installieren, wenn man eine entsprechende Nische nutzen will. Während die Höhe bei-

Eine Grünfutterschneidemaschine leistet wertvolle Dienste und ist im Wirtschaftsraum gut aufgehoben.

Am besten werden Futterkisten aus Siebdruckplatten hergestellt, weil diese eine glatte Oberfläche besitzen.

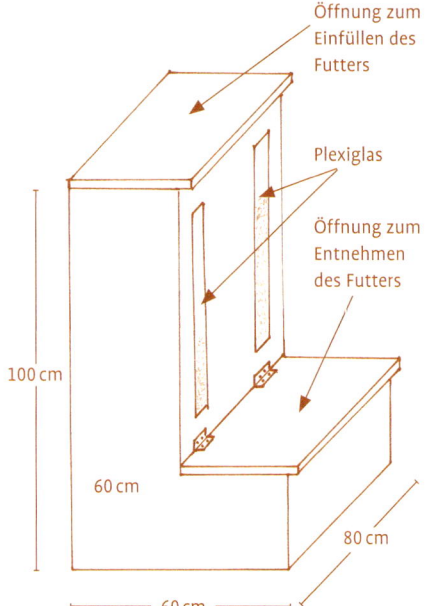

Öffnung zum
Einfüllen des
Futters

Plexiglas

Öffnung zum
Entnehmen
des Futters

100 cm

60 cm

80 cm

60 cm

Praktikable Futterkiste, die von oben befüllt und von unten entleert werden kann.

behalten werden sollte, kann die Grundfläche dann natürlich großzügiger bemessen sein.

Nachteil solcher Futterkisten ist, dass man das Futter von oben entnehmen muss und da man mit dem Nachfüllen von neuem Futter kaum einmal wartet, bis die Kiste restlos leer ist, befindet sich am Boden immer eine gewisse Menge Futter, das mit jeder Neubefüllung älter wird. So sollte man eine Futterkiste bauen, bei der das Futter unten entnommen und von oben eingefüllt wird. Solche Futtersilos kann man fertig über den Fachhandel beziehen. Mit einem sehr geringen Aufwand können Sie sie auch selbst erstellen. Dies geschieht am besten mit Mehrschichtplatten, da sie eine sehr glatte Oberfläche haben und stabil miteinander verbunden werden können.

Entweder hängen Sie das Futtersilo an die Wand oder stellen es auf Füße. Dabei sollte das Gewicht des vollen Silos nicht unterschätzt und entsprechend massive Winkel und Schrauben gewählt werden. Die Höhe der Entnahmeklappe sollte dabei bei etwa 70 Zentimeter liegen. Den Raum unter dem Silo kann man nutzen, zum Beispiel für einen Eimer mit Deckel, in dem Grit gelagert wird.

Ein trockener Kellerraum oder die Garage sind dafür der richtige Ort. Die Säcke sollten auf gar keinen Fall direkt auf dem Boden stehen, Feuchtigkeit könnte das Futter schädigen und für die Hühner lebensgefährlich machen. Bretter, die auf etwa fünf Zentimeter hohen Bälkchen liegen, bilden einen idealen Unterbau.

Reinigungszubehör

Man tut gut daran, die Gerätschaften zur Reinigung des Hühnerstalles ausschließlich dafür zu verwenden. Starke Beanspruchung, Staubaufkommen und hängen gebliebene Kotreste lassen die Verwendung für einen anderen Zweck nicht zu.

Als Grundausstattung benötigt man einen groben Besen, eine Schaufel sowie einen breiten Bodenspachtel, einen Handbesen samt Handschaufel, eine Kelle und Spachtel. Damit diese Dinge nicht wahllos in den Ecken herumstehen, sind Haken und spezielle Aufhänger, wie sie in Gartenfachmärkten zu bekommen sind, an den Wänden des Wirtschaftraumes sehr nützlich.

Einzelkäfig

Es wird immer einmal vorkommen, dass man ein Tier aus dem Bestand nehmen muss. Sei es nun zur Behandlung mit einem Medikament oder dass es zur Brutentwöhnung entnommen wird. Auch ein zugekauftes Huhn sollte mehrere Tage in Quarantäne gesetzt und beobachtet werden, ehe man es zu den anderen lässt.

Grundsätzlich kann dieser Einzelplatz ein Käfig sein, der im Großen und Ganzen einem Kaninchenstall entspricht, mit einer Grundfläche von mindestens 50×50 Zentimeter. Wer einen solchen Einzelkäfig als Dauereinrichtung nicht möchte oder einfach nicht genügend Raum dafür hat, kann im Fachhandel zusammenklappbare Drahtboxen kaufen, wie sie für Geflügelausstellungen üblich sind. Sie werden auf eine Holzplatte gestellt und sind sofort verfügbar. Am sinnvollsten ist der Kauf eines Doppelkäfigs, sodass man immer etwas Platz in der Hinterhand hat. Wird der Käfig nicht gebraucht, klappt man ihn zusammen und kann ihn Platz sparend verstauen.

Transportkiste

Wenn genügend Platz vorgesehen ist, kann im Wirtschaftsraum auch die Transportkiste untergebracht werden, denn der Weg zum Tierarzt oder der Transport eines gekauften Tieres sollte nicht unbedingt in einem Pappkarton stattfinden. Für kurze, spontane Wege mag dies noch eine praktikable Lösung sein, doch sollte dem Tier grundsätzlich immer eine optimale Transportmöglichkeit geboten werden, und zwar mit ausreichend Lüftung und Beständigkeit.

Es gibt Transportkisten, die in dieser Hinsicht keine Wünsche offen lassen. Von geflochtenen Körben bis zu stabilen Holzkisten kann man hier je nach Vorliebe wählen. Allen gemeinsam ist die Innenunterteilung, sodass mehrere Tiere darin befördert werden können. Es gibt Kisten für zwei bis acht Tiere und sogar solche für große Hühnerrassen oder Zwerghühner. Obwohl die Zwischenwände normalerweise herausgenommen werden können, sollte man dies während des Transports nicht tun. Das Huhn würde unter Umständen bei starker Bremsung hin und her rutschen.

Achten Sie darauf, dass das Tier im Auto quer zur Fahrtrichtung transportiert wird, denn dann kann es Fahrmanöver besser ausbalancieren. Es wird zur Seite geneigt und nicht ständig vor- oder rückwärts geschubst, wobei auch noch das Gefieder beschädigt würde.

Jetzt spielen hier die Hühner

Grundfläche gesamt: 1,50 m²
Stallfläche: 1,00 m²
Besonderheiten: Das Legenest ist von außen zu kontrollieren und es gibt Platz für Gerätschaften und Futter

Ein Familienvater erzählt: „Als unsere Kinder klein waren, bekamen sie ein Spielhaus im Garten. Jetzt sind sie längst aus diesem Alter heraus und deshalb haben wir uns in der Familie überlegt, was wir mit dem netten Häuschen machen könnten."

Schnell kam die Familie überein, dass daraus ein Ställchen werden und eine kleine Zwerghuhnfamilie einziehen sollte. Da weder im Stall noch im Haus Platz für die Unterbringung von Geräten oder Futter war, bauten sie kurzerhand einen kleinen Anbau an den eigentlichen Stall an. Dieser ist unterteilt und sowohl das Legenest als auch allerhand Gerätschaften und Futter für die Zwerghühner können darin untergebracht werden. Das Dach wurde mit Scharnieren befestigt und kann für optimalen Zugriff einfach hochgeklappt werden. „Das Häuschen an sich hatte einen günstigen Grundriss, sodass wir uns nach dem Einbau des Einschlupfes ganz dem Innenausbau widmen konnten. Trotz oder gerade wegen der kleinen Fläche

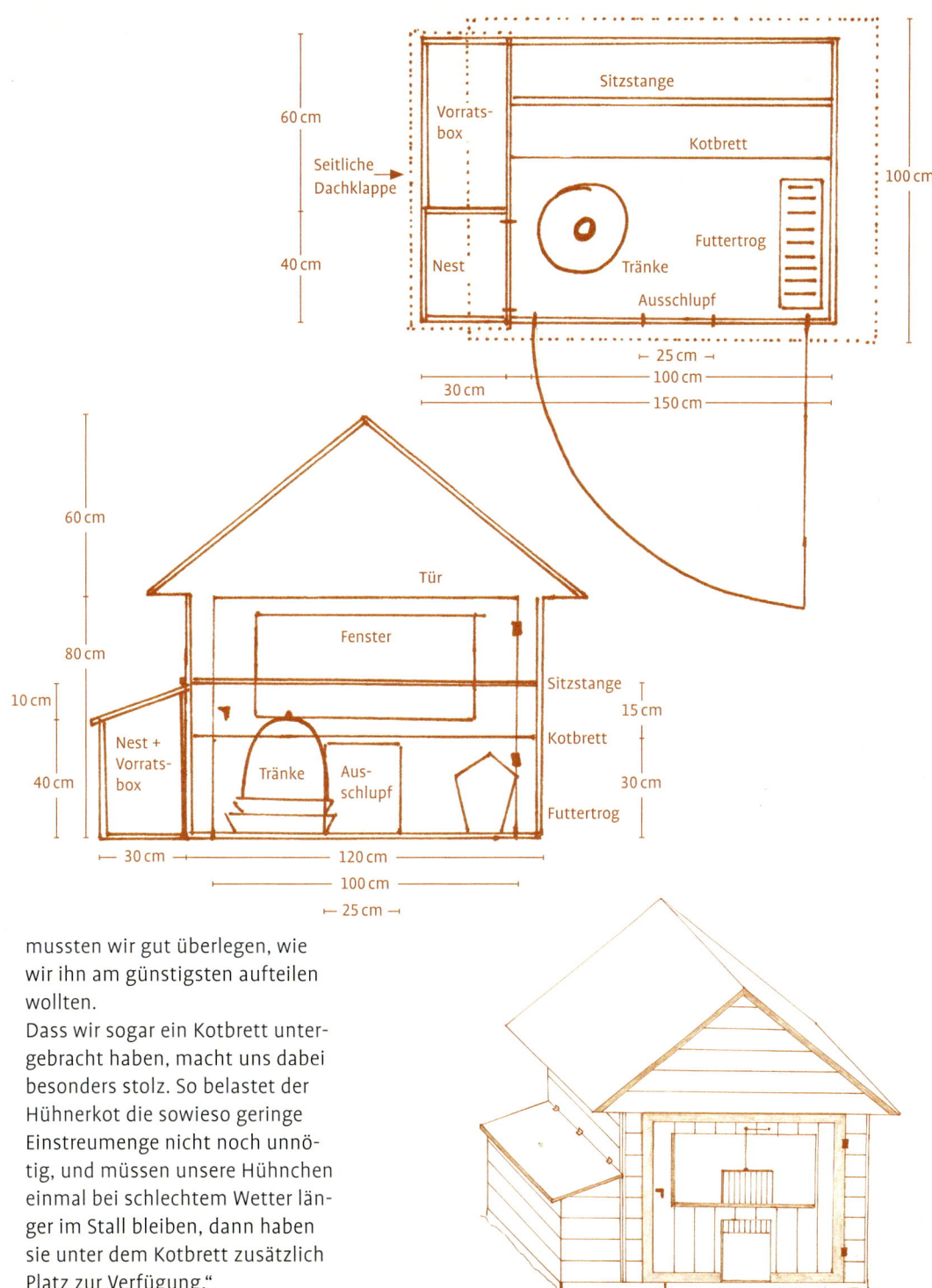

mussten wir gut überlegen, wie wir ihn am günstigsten aufteilen wollten.

Dass wir sogar ein Kotbrett untergebracht haben, macht uns dabei besonders stolz. So belastet der Hühnerkot die sowieso geringe Einstreumenge nicht noch unnötig, und müssen unsere Hühnchen einmal bei schlechtem Wetter länger im Stall bleiben, dann haben sie unter dem Kotbrett zusätzlich Platz zur Verfügung."

Besondere Stallformen

Neben den üblichen Hühnerställen findet man vor allem bei Rassegeflügelzüchtern und Haltern, die immer wieder Küken nachziehen, Sonderformen von Stalltypen. Diese etwas genauer unter die Lupe zu nehmen lohnt sich, denn sie sind für ein störungsfreies Wachstum und optimale Entwicklung der Jungvögel von großem Nutzen.

Kükenheime

Die Aufzucht von Küken ist spätestens mit dem Aufkommen von Motorbrütern auch für Hühnerhalters interessant geworden, vorausgesetzt man möchte Jungtiere von seinen Hühnern aufzuziehen. Bei Geflügelzüchtern versteht sich dies von selbst, es ist Sinn und Zweck des Züchtens. Aber auch bei vielen Klein- oder Hobbyhühnerhaltern kann mit der Zeit der Wunsch nach eigenen Küken aufkommen. Auf jeden Fall sollten Sie sich auf das Abenteuer Kükenaufzucht nicht unvorbereitet einlassen. Küken wachsen sehr schnell, sodass mit jeder Woche mehr Platz zur Verfügung stehen muss.

In den ersten Tagen hält man Küken recht eng, denn sie benötigen sehr viel Wärme. Während bei der Naturbrut die Glucke die Küken wärmt, geschieht dies in der „künstlichen" Aufzucht mit Hilfe von Rotlicht- oder Dunkelstrahlern. Je nach gewünschter Wärmeleistung wählt man die Wattleistung und hängt den Strahler in die entsprechende Höhe. Liegen die Küken direkt und eng unter dem Strahler, muss dieser tiefer gehängt werden, denn den Küken ist es zu kalt. Liegen sie hingegen in einem Kreis an den Rändern des Lampenschirms, sollte man den Strahler höher hängen. Eine lockere Anordnung der Küken ist ideal und wird durch mehrmaliges Höhenverstellen des Strahlers erreicht.

Oft werden anstatt Strahlern Wärmeplatten verwendet, die mit einem Regelthermostat in der Wärmeleistung reguliert werden können. Sie gibt es in verschiedenen Größen, sodass für die jeweilige Kükenanzahl das entsprechende Format gewählt werden kann. Die Küken schlüpfen direkt darunter, wenn es ihnen zu kalt wird. Die Höhenverstellung erfolgt, indem die Füße der Platte mit Muttern in der Höhe verstellt werden.

In der ersten Lebenswoche hat sich ein Kükenheim in Ringform bewährt. Dazu wird mit stabilen Kartonstreifen, die zirka 30 Zentimeter hoch sind, ein Ring in einem Raum des Stalles aufgestellt. Dabei verbindet man die einzelnen Streifen am sinnvollsten mit Wäscheklammern. Die Ringform hat den Vorteil, dass sich die Küken nicht in eine Ecke drücken können und es zu Verlusten kommt. Nach etwa einer Woche entfernt man den Kükenring und stellt den gesamten Stallraum zur Verfügung.

Wer keinen Platz zum Aufstellen eines Kükenringes hat, kann andere Möglichkeiten für die Kükenaufzucht nutzen. Bewährt haben sich kleinere Aufzuchtstationen bei Kükenbeständen bis zu etwa 100 Küken. Die meisten sind beweglich und können von zwei Personen an den gewünschten Platz gestellt werden. Die Ausführung solcher Stationen reicht von einfachen, kleinmaschigen Drahtkäfigen bis zu Vollholzkisten. Die Grundfläche sollte, um die Handlichkeit zu gewährleisten, nicht größer als 80×100 Zentimeter sein. Da die Küken dort maximal drei Wochen bleiben, reicht eine Höhe von gut 60 Zentimeter. Danach brauchen die Küken mehr Platz.

Bevor man sich ein solches Kükenheim baut, sollte man auch daran denken, dass es gelagert werden muss, wenn man es nicht braucht und dies ist fast die ganze Zeit des

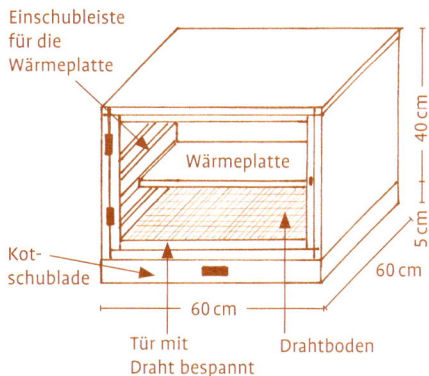

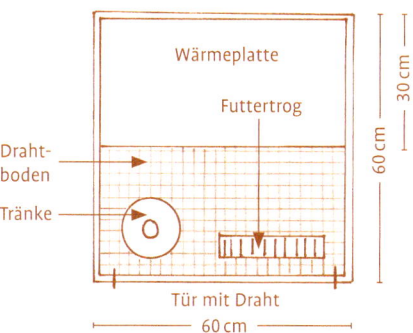

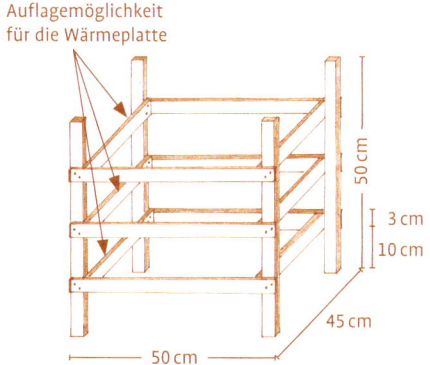

Verschiedene Möglichkeiten zur Fixierung von Wärmeplatten, die in der Kükenaufzucht gerne verwendet werden.

Jahres. Viele Züchter gehen deshalb dazu über, für die Kükenaufzucht große Kartons zu benutzen, wie sie für Waschmaschinen oder Rasenmäher verwendet werden. Sie haben in der Regel die oben genannten Maße. Auf jeden Fall sollte man den Karton beispielsweise mit einem einfachen Holzrahmen, der mit einem Drahtgeflecht bespannt ist, abdecken.

Wer über einen Wirtschaftsraum verfügt, kann sich dort auch eine fest eingebaute Kükenstation errichten, die im Großen und Ganzen den beschriebenen Ausführungen entspricht. Die Einrichtung ist denkbar einfach. Küken sind Nestflüchter, sodass sie gleich nach der Geburt selbstständig fressen und trinken können. Der Kükengröße angepasste Tränken und Futtertröge sollten deshalb gleich zu Beginn zur Verfügung stehen. Da sich viele Küken am Beginn ihres Lebens mit dem Fressen aus einem Futtertrog schwer tun, verwendet man idealerweise Futterbretter. Ein einfaches, etwa 10 Zentimeter breites Holzbrett wird mit etwa 0,5 Zentimeter hohen Holzleisten umrandet. Die Küken können das darauf aufgestreute Futter ohne Schwierigkeiten aufnehmen. Auch klein geschnittenes Grünfutter wie Löwenzahn, Brennnesseln oder Vogelmiere kann man den Hühnern auf solchen Futterbrettern reichen.

Besondere Aufmerksamkeit muss man dem Boden in der Kükenaufzuchtstation widmen. Ein vollkommen glatter Boden darf es nicht sein, denn die Küken fänden darauf keinen Halt. Eine Folge wären Grätschbeine und hohe Kükenverluste. Sägeraues Holz wäre sehr gut geeignet, doch es lässt sich schwer reinigen. Bei allen Überlegungen muss man berücksichtigen, dass das Kükenheim, soll es wieder benutzt werden, ausgiebig zu reinigen und zu desinfizieren sein sollte. Es gilt also, hier eine optimale Lösung zu finden. Man verwendet als Boden eigentlich ausnahmslos glatte, gut zu reinigende Plattenware. Holzmehrschichtplatten sind dafür ideal geeignet, denn sie sind wasserbeständig. Um das Rutschen der Küken zu verhindern, legt man darauf eine Wellpappe. Nach Gebrauch der Kükenstation kann man die Wellpappe entsorgen und anschließend reinigen und desinfizieren.

Erstklassige Kükenaufzuchtstationen in verschiedenen Größen sind im Fachhandel erhältlich. Sie sind in der Regel aus Kunststoff- oder beschichteten Holzplatten gefertigt und können deshalb gut gereinigt werden. Als Bodenbelag haben sie ein sehr kleinmaschiges Drahtgeflecht und eine darunterliegende Kotschublade. Der abgesetzte Kot fällt durch und kann einfach entsorgt werden. Solche Kükenstationen sind stapelbar und deshalb auch bei größeren Kükenzahlen Platz sparend einzusetzen. Doch ihr Preis ist nicht zu unterschätzen. Da sie aber über Jahre, wenn nicht Jahrzehnte verwendet werden können, relativiert sich der finanzielle Aufwand aber wieder.

Gut zu wissen

Da Küken verschiedenen Alters nicht so einfach zusammengesetzt werden können, braucht man unter Umständen mehrere Stallabteile. Die gemeinsame Aufzuchtzeit sollte dabei nach drei Wochen beginnen, also dann, wenn die Küken die Station verlassen und sie sollten nicht mehr als zwei Wochen Altersunterschied haben.

Nach den ersten drei Lebenswochen in der Aufzuchtstation kommen die Küken in einen gewöhnlichen Stall. Die Möglichkeit, eine Wärmequelle aufzuhängen, sollte dort gegeben sein, denn die Küken sind in diesem Alter noch nicht vollständig befiedert und brauchen Wärme.

Brutraum

Viele Kleintier- und Geflügelzuchtvereine bieten ihren Mitgliedern die Möglichkeit der Kunstbrut in vereinseigenen Brutapparaten an. Nichtsdestotrotz besitzen viele Hühnerhalter einen eigenen Motorbrüter, um beispielsweise die für die Rasse benötigte besondere Luftfeuchtigkeit bieten zu können.

Die Küken können kommen – alles ist in der Aufzuchtbox vorbereitet.

Dabei ist es wichtig, dass der Raum, in dem die Eier ausgebrütet werden sollen, gewisse Voraussetzungen erfüllt. Die Aufstellung des Brutapparates in Wohnräumen kommt durch die Staubentwicklung und des sich entwickelnden Geruchs nicht in Frage. Dagegen können Keller- oder Wirtschaftsraum ein optimaler Stellplatz sein. Es darf dort nicht stauben und die Temperaturschwankungen dürfen nicht groß sein, denn die feinen Messgeräte des Brüters sind sehr empfindlich und es könnte zu Fehlern bei der Einstellung der richtigen Brutbedingungen kommen. Besonders die Wirtschafträume, die den Ställen vorgelagert sind, sollten ausreichend isoliert sein, damit innerhalb eine möglichst gleichbleibende Raumtemperatur herrscht.

Will man die gesammelten Bruteier ebenfalls im Brutraum lagern, sollte die Raumtemperatur im Idealfall bei 13 bis 15 °Celsius liegen. Unter solchen Bedingungen gelagert und täglich gewendet, kann man einem Bruterfolg aus solchen Eiern bei korrekter Bedienung des Brutapparates mit Hoffnung entgegensehen.

Die Kinderstube – das Gluckenheim

Möchten Sie einmal mit einer Glucke selber Küken erbrüten, brauchen Sie in aller Regel einen separaten Gluckenstall. Die harmonische Großfamilie mit unterschiedlichen Altersgruppen, wie man sie sich gerne vorstellt, ist unter Hühnern leider nicht die Regel und kaum ohne Kükenverluste machbar. Will man die Küken schützen, muss man sowohl die Glucke als auch die Küken von der übrigen Hühnerherde trennen.

Naturbrut gegen Kunstbrut

Das wilde Bankivahuhn (*Gallus gallus*) legt ein paar Eier und setzt sich dann zur Brut nieder. Diese für uns so typische Vorstellung einer heilen Welt hatte für unsere Vorfahren eher bedrohlichen Charakter. Wie die Bankivahühner haben es ja auch die Haushühner getan: Sie sind ihrem natürlichen Brutinstinkt nachgegangen. Saßen die Hennen aber im Nest und brüteten, legten sie keine Eier. Zur damaligen Zeit fast eine Katastrophe. War man doch auf die wertvollen Eiweißträger in der Ernährung angewiesen. Also unternahm man allerhand, um Eier haltbar zu machen und so

über die Zeit zu kommen. Ein sehr schwieriges Unterfangen, wie man heute weiß. Auch gab es eigentümliche Methoden, die mit heutigen Tierschutzvorstellungen wenig gemein hatten, um eine brütende Henne von ihrem Vorhaben abzubringen.

Es ging also fast ein Jubelschrei durch die Bevölkerung, als aus Italien Hühner kamen, die kaum noch Brutinstinkt hatten. Auf einmal war es möglich, fast das ganze Jahr hindurch frische Eier zu haben. Das Brutgeschäft konnte mit der Brutmaschine fast zuverlässiger erledigt werden und auch die Verluste bei der Kükenaufzucht waren geringer.

Man kann also verstehen, wenn die Menschen zur damaligen Zeit großes Interesse an diesen neuen, nicht brütenden Hennen hatten. Heute erlaubt es unser Wohlstand, dass wir auswählen können: Eine Rasse, die noch brütet und damit weniger Eier legt, oder eine nicht brütende und damit größeren Eiersegen. Während bei der Naturbrut die Henne im Grund alles übernimmt, muss man als Tierbesitzer bei der Kunstbrut die Ersatzmutter zu spielen. Es gibt heute bereits sehr kleine und kostengünstige Brutmaschinen, mit denen das Brüten kein Problem darstellt.

Ruhe und eine brutsichere Rasse wie diese Seidenhuhnhenne sind oberste Pflicht, wenn die Naturbrut gelingen soll.

Rechts: Die Naturbrut ist ein einmaliges Schauspiel – probieren Sie es doch mit Ihrer Henne auch einmal.

Zeigt eine Henne Brutneigung, stellen Sie ihr am besten einen ruhigen und nicht zu sonnigen Platz zur Verfügung. Dort platzieren Sie dann den sogenannten Gluckenstall, wobei der Begriff „Stall" etwas zu groß gefasst ist. Kükenheim ist wohl der treffendere Begriff. Im Grund genügt die Größe eines Kaninchenstalles nämlich vollauf. Als Richtwert können 60 x 60 x 60 Zentimeter bei einer kleineren Rasse vollauf genügen. Da hinein legen Sie genügend Stroh, damit sich die Henne ein Nest zurechtmachen kann. Je kleiner der Stall ist, desto sicherer brütet die Henne. Das heißt, dass sie dauerhafter sitzen bleibt. Nicht umsonst wird der Gluckenstall fast immer mit einer Drahttüre verschlossen. Zweimal täglich lassen Sie die Glucke heraus, geben ihr zu fressen, zu saufen und die Möglichkeit, sich zu lösen. Das bedeutet, dass Wasser und Futter vor dem eigentlichen Stall aufgestellt sind.

Wer keinen zusätzlichen Raum beziehungsweise Stall zur Verfügung hat, kann vom normalen Hühnerstall etwas abteilen und das Gluckenheim hier abstellen. Sind die Küken dann geschlüpft, reicht der Platz zunächst immer noch aus. Erst nach ein paar Wochen brauchen sie mehr Platz. Zunächst besteht nämlich eine sehr enge Bindung zwischen Glucke und Küken. Spätestens mit etwa sechs bis acht Wochen lösen sie sich von der Glucke. Dies ist dann aber auch die Zeit, zu der man sich auf jeden Fall Gedanken darüber machen sollte, was mit den Küken passieren soll. Eine Vergesellschaftung mit den alten Hühnern und eventuell einem Hahn geht nicht so einfach.

Da man wahrscheinlich nicht regelmäßig Küken ausbrüten lassen will und ein extra Gluckenheim außerhalb der Brutzeit irgendwo anders aufbewahrt werden muss, können Sie sich anders behelfen. Trennen Sie einfach eine ruhige Ecke mit Brettern oder auch festem Karton ab. Findet die Henne hier ihre Ruhe, wird es auch mit der Brut klappen. Auf eine gewisse Robustheit sollte man dennoch achten, ist es doch für die Glucke für mindestens die nächsten drei Wochen ihre Heimat.

Tipp vom Profi

Am sinnvollsten ist es, die Jungtiere bis zum Erwachsenenalter mit etwa fünf Monaten separat aufzuziehen. Damit haben sie die Chance, sich ideal zu entwickeln. Erst danach sollte man sie zu den restlichen Hühnern gesellen.

Hahnenbox

Züchter ziehen eine größere Anzahl an Küken auf, die für die eigene Bestandsergänzung vorgesehen sind und auch an andere Züchter abgegeben werden. Darüber hinaus beschicken Geflügelzüchter Ausstellungen, bei denen die Tiere durch ausgebildete Preisrichter prämiert werden. Hier spielt vor allem die Gefiederausprägung eine besondere Rolle, die besonders die Hähne mit zunehmender Geschlechtsreife zeigen.

Zugleich entwickeln die Hähne aber auch ein recht aggressives Verhalten gegenüber ihren Artgenossen. Bei solchen Auseinander-

Es ist schön mitzuerleben, wie eine Henne brütet, die Küken schlüpfen und aufwachsen – lassen Sie sich das nicht entgehen.

setzungen können sprichwörtlich die Fetzen fliegen und ein beschädigtes Gefieder, aber auch ein vernarbter Kamm oder Kehllappen würden bei Ausstellungen mit Abzügen in der Bewertung quittiert. Um dies zu verhindern, trennen die Züchter ihre für die Ausstellungen vorgesehenen Hähne in sogenannten Hahnenboxen ab.

Die Mindestgröße solcher Boxen beträgt etwa ein Quadratmeter und hat neben Futter- und Wassergefäß eine Sitzstange als einzige Ausstattungsmerkmale. Denn trotz dieser Einzelhaltung auf Zeit soll das Aufbaumen als artgerechtes Merkmal des Vogels auf jeden Fall möglich sein.

Viele Geflügelzüchter verbinden die Hahnenbox mit einer kleinen, vorgelagerten Voliere. Weil der Raum begrenzt ist, hat sich als Bodenbelag in dieser Voliere eine dicke Sandschicht bewährt, die vor allem in Trockenperioden einfach mit dem Rechen sauber gehalten werden kann.

Kleine Zuchtanlage

Grundfläche gesamt: 24,6 m²
Stallfläche: 9,6 m²
Besonderheiten: Komplette Zuchtanlage für Hühner und Zwerghühner. Mehrere Einzelställe, die miteinander verbunden werden können. Überdachte Volieren. Ein Zwerghuhnzüchter stellt seine Stallvariante vor:

„Mein Hühnerstall war ursprünglich ein Werbestand eines Rassetaubenvereins bei einer großen Ausstellung. Die heutige Frontseite war mit einem Tresen für Werbezwecke gestaltet und in den seitlichen Volieren wurden Tauben präsentiert. Als ich diesen Stand bekommen habe, musste ich ihn nur zum Hühnerstall umgestalten. Die gesamte Konstruktion wurde auf Rabattsteine, die in ein Betonfundament gesetzt wurden, gestellt und miteinander verbunden. Jede der Volieren habe ich zusätzlich unterteilt, damit ich insgesamt vier überdachte Freiläufe habe und meine Hühner auch bei längeren Schlechtwetterphasen ins Freie lassen kann. Den Innenbereich des Stalles habe ich so eingeteilt, dass ich von einem Mittelgang ausgehend alle drei Stallabteile begehen kann. Es sind zwei kleinere Ställe auf den Seiten und ein größerer Stall, der die gesamte Breite einnimmt. Als besonderen Clou kann eine Verbindung zwischen den Ställen durch kleine Schieber hergestellt werden, sodass die Abteilgröße variabel ist. Dies finde ich vor allem dann sinnvoll, wenn ich Küken aufziehe und die Jungtiere mit zunehmendem Alter mehr Platz benötigen. Die Haupteingangstür zum Stall ist in der Mitte wie bei alten Rinder- und Pferdeställen geteilt. So kann vor allem während der warmen Sommermonate der obere Türflügel für zusätzlichen Luftaustausch aufgeklappt werden.

Diese Kombination aus mehreren Stallabteilen in einem Gesamtstall ist für mich eine gute Alternative zu mehreren Einzelställen und die Grundlage für meine Zwerghuhnzucht."

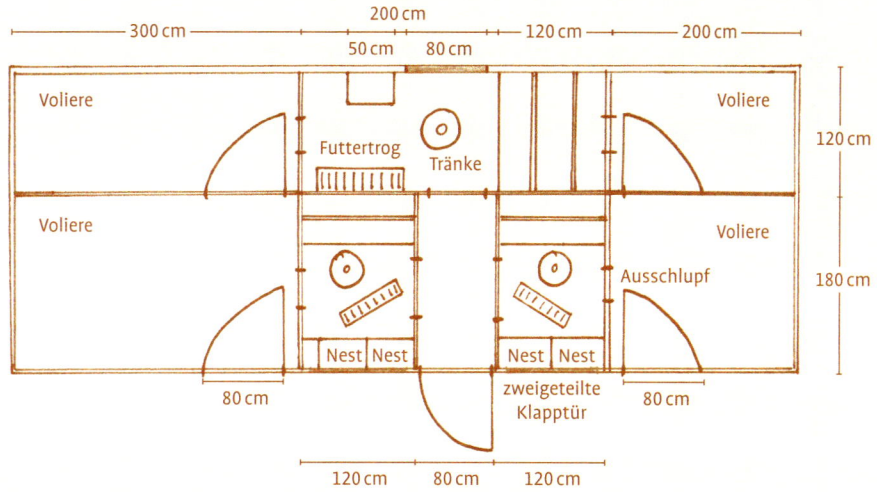

Stall – hinterer Teil

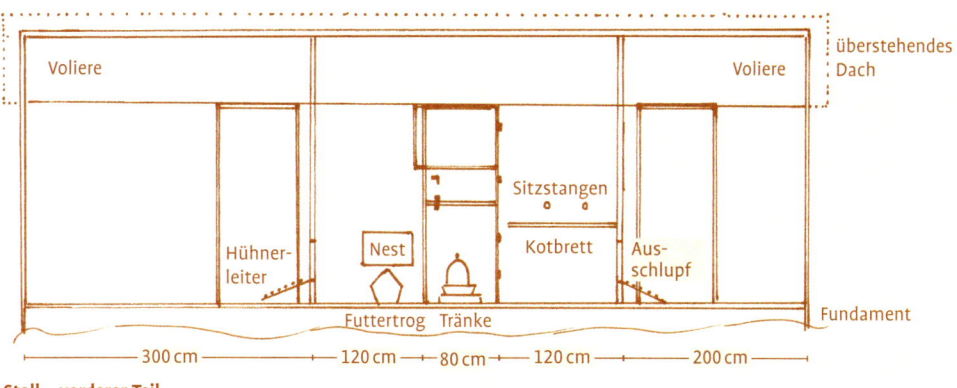

Stall – vorderer Teil

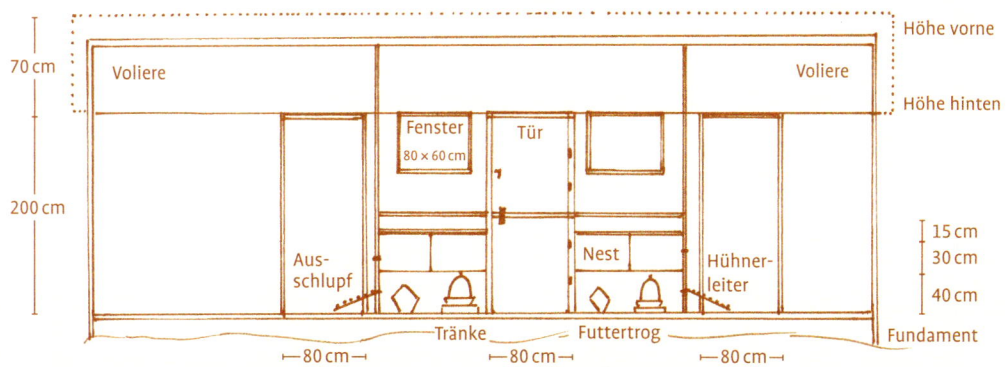

Ausläufe

Eine dauernde Stallhaltung sollte in der privaten Kleinhaltung eigentlich tabu sein. Diese unnatürliche Haltungsform ist der Wirtschaftsgeflügelhaltung vorbehalten, wenngleich auch hier Veränderungen angestrebt werden. Täglicher Auslauf kommt jedenfalls dem Wohlbefinden der Hühner sehr entgegen, sie sind ausgeglichener und finden beim Umherstreifen allerlei Nahrung. Es sind wirklich glückliche Hühner, die man erleben kann, wenn sie Freilauf haben.

Je nach den örtlichen Gegebenheiten kann die Auslaufform und -strukturierung ganz verschieden ausfallen und angepasst werden. Eine Richtlinie für die Größe des Auslaufes festzulegen ist schwierig, denn die Beschaffenheit des Bodens und seine Struktur spielen dabei eine Rolle.

Während man bei Kleinausläufen, die dem Stall vorgebaut sind, die gleichen Besatzdichten wie innerhalb des Stalles selber veranschlagen kann, sieht dies bei den Grasausläufen, und die sind meistens damit gemeint, etwas anders aus. Will man die Grasnarbe erhalten, sollten Wechselausläufe und etwa 10 bis 15 Quadratmeter pro Huhn vorgesehen werden. Bei Zwerghühnern können die Maße etwas geringer ausfallen. Dies gilt übrigens auch für große Hühner, sofern die entsprechende Pflege des Auslaufs garantiert ist.

Stallumfeld

Hühner halten sich bevorzugt in direkter Nähe ihres Stalles auf und nutzen, wenn sie die Möglichkeit der Weite im Auslauf haben, diese kaum. Sie beschränken sich nach Untersuchungen auf die Horizontweite ihres Sichtfeldes, die bei etwa 50 Metern liegt. Lediglich wenn ihnen Zwischenziele in Form von Büschen oder Ähnlichem zur Verfügung stehen, gehen sie weiter. In diesem Fall suchen sie den Sichtkontakt zum Stallgefährten, während sonst die Sichtweite zum Stall das bestimmende Kriterium für ihre Orientierung ist.

Entsprechend sollte das direkte Stallumfeld gestaltet werden. So fällt mehr Kot in diesem Bereich an und dem sollte Rechnung getragen werden, indem er besonders leicht zu reinigen ist. Vor allem in Schlechtwetterperioden würde sonst das direkte Stallumfeld sehr schnell zu einer Schlammwüste und damit zu einem ständigen Krankheitsherd. Im Bereich um den Ausschlupf herum wird nur in den seltensten Fällen der gewachsene Boden belassen. Eine Zone entlang der ganzen Stalllänge und einer Breite von etwa einem Meter wird zirka 30 Zentimeter tief ausgegraben und mit Sand oder Kies aufgefüllt. Zum Auffüllen bewährt haben sich auch Rindenmulch oder Holzhäcksel, wie sie in Pferdekoppeln verwendet werden. Je nach Gesamtgestaltung der Anlage passen sich diese vielleicht besser an das Umfeld an als Sand oder Kies.

Diese Aufschüttungen können leicht gereinigt werden und sie verhindern, dass sich Staunässe bildet. Wichtig ist dabei, dass eine exakte Abtrennung zwischen Stallumfeld und dem restlichen Auslauf gegeben ist, sonst bildet sich früher oder später ein fließender Übergang durch das Scharrverhalten der Hühner. Mit einge-

Abwechslungsreiche Ausläufe mit blühenden Pflanzen sorgen für Beschäftigung.

Betonplatten im direkten Stallumfeld sorgen für immer trockene Füße bei Hühnern und Halter.

setzten Stellplatten oder einfachen Brettern, die dann natürlich immer wieder ausgetauscht werden müssen, lässt sich dieses Problem aber leicht lösen.

Bei einem dichteren Besatz können auch Beton-Gehwegplatten mit glatter Oberfläche für diese Zone um den Ausschlupf herum verwendet werden. Eine sehr dünn aufgebrachte Sandschicht erleichtert dabei die Reinigung immens. Den gleichen Zweck erfüllen Rasengittersteine oder auch eingegrabene Metallgitter, doch sind diese in der Anschaffung teurer und im Einbau aufwendiger.

Die Umstrukturierung des direkten Stallumfeldes an der Vorderseite hat auch für den Halter den Vorteil, dass er diesen Bereich auch bei schlechtem Wetter betreten kann, ohne gleich im Morast zu versinken.

Der Weg zum Stall muss ebenfalls befestigt werden. Hier sind den Gestaltungsmöglichkeiten keine Grenzen gesetzt. Der Baustoffhandel bietet eine große Auswahl an Wegebaumaterial, sodass für jeden Anspruch und Geldbeutel eine Lösung gefunden werden kann. Fachberatung ist auch hier zu empfehlen.

Bei der Planung ist es am sinnvollsten, mindestens 60 Zentimeter Wegbreite einzuplanen, dann lässt sich der Weg leicht räumen und deshalb sollte er auch keine allzu strukturierte Oberfläche haben. Vor allem im Winter muss man Schnee einfach zur Seite schieben können, damit sich keine Eisfläche bildet. Hühner sind eben keine Haustiere im eigentlichen Sinn und der Weg zum Stall muss bei jeder Witterung, und zwar täglich, eventuell auch mehrmals begangen werden und deshalb begehbar sein.

Zäune und Netze

Manch ein Hühnerhalter wird seinen Tieren nicht unbegrenzten Auslauf bieten können, sondern muss für sie durch eine Umzäunung bestimmte Flächen abgrenzen. Man unterscheidet zwischen festen und flexiblen Zaunsystemen. Üblich sind die festen Zäune und für die Umzäunung des Auslaufes auch anzuraten.

Hier kann man sich entweder für Maschendrahtzaun, üblicherweise kunststoffummantelt, oder Schafknotengitter entscheiden.

Gut zu wissen

Bei einem Schafknotengitter sollten Sie die „lämmersichere" Variante nehmen, denn nur bei diesem wird die Maschenweite zum Boden hin so klein, dass keine Hühner durchschlüpfen können.

Zaunpfähle setzen

Eine Zaunanlage benötigt entsprechende Pfähle, die aus Holz, Metall oder Kunststoff sein können. Holzpfähle müssen mindestens 60 Zentimeter tief in den Boden eingegraben werden, sollen sie die nötige Standfestigkeit haben. Dabei ist ein Durchmesser von mindestens zehn Zentimetern zu wählen. Das in den Boden eingegrabene Holz muss natürlich, am besten mehrmals, mit Holzschutzmittel vorgestrichen werden. Dies ist ein zusätzlicher Schutz, auch wenn man kesseldruckimprägnierte Pfähle verwendet.

Um das Eindringen von Feuchtigkeit an den Pfahlköpfen zu verhindern, was ein Hauptgrund für die schnelle Verwitterung ist, sollte man entsprechende Kunststoffkappen aufschrauben, die der Fachhandel anbietet. Den gleichen Zweck erfüllen Metalldeckel, wie sie von Konservendosen anfallen. Das Problem der scharfen Kanten ist mit den neuen Dosenöffnern gebannt, sodass man die Deckel ohne Einschränkung empfehlen kann. Möchten Sie die Dose selbst als Schutz verwenden, müssen Sie nur darauf achten, dass ihr Durchmesser deutlich größer als der des Pfostens ist. Nur dann ist gewährleistet, dass das herunterlaufende Wasser ihn nicht schädigt.

Eine dauerhaftere Lösung sind mit Sicherheit Metallpfähle, wie sie zu kompletten Zaunanlagen verkauft werden. Sie werden in Beton gesetzt und erreichen dadurch die nötige Standfestigkeit. Dazu heben Sie Löcher im Durchmesser von etwa 30 Zentimeter und einer Tiefe von 40 Zentimeter aus. Die Fixierung des Pfahles erfolgt am besten mit erdfeuchtem Beton. Keinesfalls darf er zu flüssig sein, damit er von Anfang an genügend Halt garantiert. Trotzdem sollte mit einer Wasserwaage während des Aufstellens immer wieder kontrolliert werden, ob der Pfahl im Lot steht.

Der Fachhandel hält auch Schnellbeton bereit. Dieser wird trocken in das Loch gefüllt und anschließend mit Wasser übergossen. Für Anfänger beim Zaunbau kann er trotz des etwas höheren Preises durchaus empfehlenswert sein. Man kann nämlich den Pfosten in aller Ruhe ins Lot stellen, ehe er fest einbetoniert wird.

Es gibt auch Kunststoffzaunpfähle aus Recyclingmaterial, die sehr zu empfehlen sind. Sie können entweder einbetoniert oder eingegraben werden. Der große Vorteil ist, dass sie nicht verwittern und trotzdem eine sehr hohe Standfestigkeit besitzen. Man kann sie wie einen Holzpfosten sägen, bohren und sogar nageln. Mit einer Ramme oder dem Vorschlaghammer darf man sie aber nicht einschlagen.

Maschendrahtbespannung

Ein Zaun kann nur dann nützen und seine Aufgabe erfüllen, wenn die Bespannung genügend straff aufgebracht werden kann. Dies

Material	Verwendungszweck
Maschendrahtzaun (Höhe 1,20 m, kunststoffummantelt)	Umfriedung des Auslaufes
Maschendrahtzaun (Höhe 1,50 m, kunststoffummantelt)	Umfriedung des Auslaufes
Maschendrahtzaun (Höhe 2,00 m, kunststoffummantelt)	Umfriedung des Auslaufes
Stuckateur-Armierungsmatten 1,20 m × 2,00 m; Maschenweite 5 × 5 cm)	Umfriedung des Auslaufes Volierenbespannung Abtrennung zwischen Stallabteilen
Sechseckgeflecht (Höhe 1,00 m)	Volierenbespannung Bespannung für Kaltscharrräume Abtrennung zwischen Stallabteilen
Punktgeschweißtes Viereckgeflecht (Höhe 1,00 m; Maschenweite 13 × 13 mm)	Volierenbespannung Bespannung für Kaltscharrräume
Punktgeschweißtes Viereckgeflecht (Höhe 1,00 m; Maschenweite 13 × 13 mm)	Volierenbespannung Bespannung für Kaltscharrräume
Punktgeschweißtes Viereckgeflecht (Höhe 1,00 m; Maschenweite 13 × 13 mm)	Volierenbespannung Bespannung für Kaltscharrräume
Kotgrubengeflecht (Höhe 1,00 m; Maschenweite 25 × 50 mm)	Kotgrube Volierenbespannung

Solche Zaunanlagen werden meist nur zur äußeren Einzäunung verwendet, da es recht arbeitsaufwendig ist, sie aufzustellen.

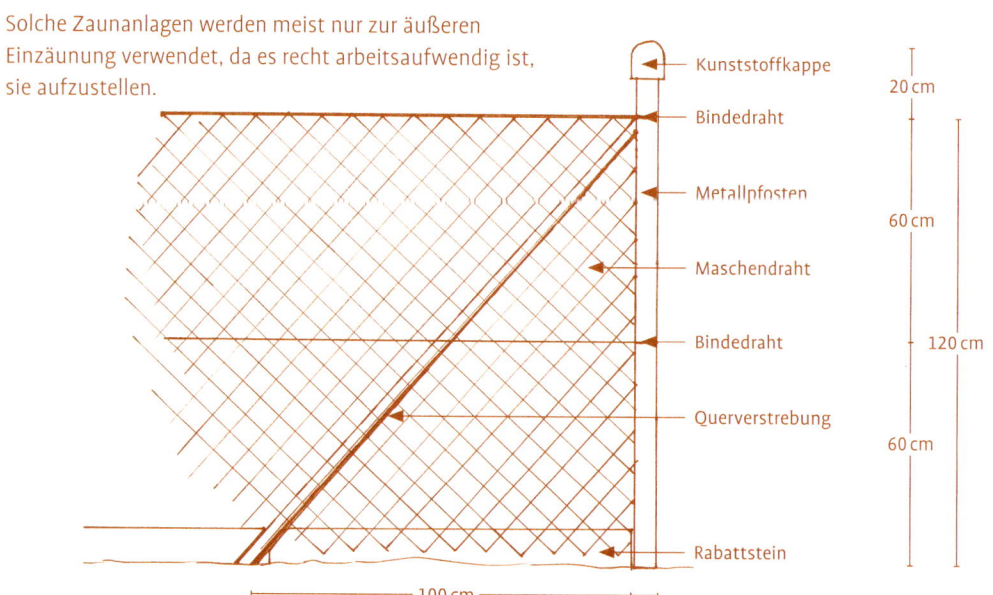

erreichen Sie, indem Sie zwischen den Zaunpfählen Drähte ziehen und mit speziellen Drahtspannern die nötige Straffheit geben. Mit kleinen Drahtösen wird dann das Maschengeflecht am Spanndraht befestigt. Damit der Zaun stabil genug ist, sollten immer drei Spanndrähte gezogen werden – unten, oben und in der Mitte.

Massiver Holzzaun

Wenn Ihnen ein Maschendrahtzaun zu nüchtern wirkt, entscheiden Sie sich doch für einen Holzzaun. Solche Zäune erscheinen etwas natürlicher und ländlicher und verhelfen einer privaten Hühnerhaltung zu mehr Flair. Gerader Holzzaun, Latten- oder Scherenzaun ist Geschmackssache. Sehr rustikal wirkt auch ein Holzbohlenzaun oder Rancherzaun. Damit dieser hühnerdicht ist, sollten Sie dahinter Armierungsmatten für Stuckateure oder auch Volierendraht anbringen.

Elektrozaun

Früher nur aus der Schafhaltung bekannt, gibt es in neuerer Zeit speziell für Geflügel entwickelte Elektronetze, die aber für eine dauernde Einzäunung wohl weniger in Betracht kommen. Um

Für kurze Zeit kann auch ein Elektronetz, bei dem der Strom nicht eingeschaltet ist, zum Abtrennen verwendet werden.

einen bestimmten Bereich flexibel abzutrennen, sind diese „fliegenden Zäune" durchaus zu empfehlen. Um das Netz unter Strom zu setzen, benötigt man ein entsprechendes Weidezaungerät, das die für Geflügel empfohlene Stromstärke produziert.

Zaunhöhe

Ein unendliches Thema ist die Zaunhöhe und Empfehlungen hierzu fast unmöglich. Der Grund ist einfach: Allzu verschieden ist die Neigung der mehreren hundert Rassen an Hühnern und Zwerghühnern zum Fliegen. Als Anhaltspunkt können Gewicht und Temperament herangezogen werden. Leichte Rassen besitzen ein lebhafteres Temperament und fliegen demnach deutlich besser. Es gibt aber auch recht flugfreudige Rassen, die in niederen Umzäunungen ohne große Probleme gehalten werden. Nur wenige Rassen zeigen überhaupt keine Fluglust und sind mit allerniedrigsten Einzäunungen im Griff zu behalten.

Das größte Flugvermögen zeigen Hühner, wenn sie erschrecken. Schon alleine deshalb sollten Sie einen absolut ruhigen Umgang mit seinen Tieren pflegen.

Die übliche Zaunhöhe liegt bei etwa 1,20 bis 1,50 Meter, und zwar bei großen Hühnerrassen sowie bei Zwerghühnern. Der Abstand zwischen den einzelnen Pfählen liegt in der Regel zwischen 2,00 und 2,50 Meter.

Holzzäune sind meist etwas niedriger, weil sie im Ganzen wuchtiger wirken. Sie kommen deshalb bevorzugt bei schwereren Hühnerrassen zum Einsatz.

Netze als Schutz von oben

Vornehmlich in größeren Ausläufen mit wenig Deckung und in ländlichen Gegenden müssen manche Hühnerhalter durch Greifvogelangriffe immer wieder Verluste hinnehmen. Auch gibt es Hühner, die sich selbst mit der höchsten Einzäunung nicht begrenzen lassen. Will man dennoch nicht darauf verzichten, seine Hühner in einen größeren Auslauf zu lassen, ist die Überspannung des Bereiches mit Netzen anzuraten. Der Fachhandel bietet sie in verschiedensten Ausführungen und Maschenweiten an, entweder aus Kunststoff oder aus Fasern geknüpft. Die Netze können in den Größen für jeden Kunden speziell hergestellt werden, sodass selbst besondere Maße ohne Aufpreis zu bekommen sind.

Während die Befestigung des Netzes an der Auslaufbegrenzung eigentlich nur mit ein paar Haken geschieht, sieht das bei der Überspannung des Auslaufs anders aus. Dazu müssen an mehreren Stellen im Auslauf hohe Stangen aufgestellt werden. Sie werden entweder eingegraben oder -betoniert und ragen zirka drei bis vier Meter in die Höhe. Als Auflage für das Netz haben sie an der Spitze

Seite 111:
Damit die Hühner die Umzäunung nicht überfliegen oder Verluste durch Greifvögel entstehen, helfen Netzabdeckungen.

eine kleine Holz- oder Metallplatte mit einer Seitenlänge von 15 Zentimetern. Wenn man das Netz aufbringt und befestigt, braucht man auf jeden Fall helfende Hände.

Gestaltung und Strukturierung des Auslaufs

Die meiste Zeit des Tages halten sich Hühner im Auslauf auf. Allein schon deshalb sollte der Halter bei der Auslaufgestaltung alles unternehmen, um ihren Ansprüchen soweit wie möglich gerecht zu werden. Den ursprünglichen Dschungelbewohnern liegt ein Leben in einer strukturierten Umwelt eher als auf einer tristen Fläche.

Deshalb finde ich die frühere Bezeichnung „Hühnergarten" für den Auslauf so treffend. Genau so vielfältig wie wir uns einen Garten vorstellen, sollte man ihn für seine Haustiere gestalten. Dann wirkt der Hühnerauslauf nicht fremd, sondern passt sich perfekt in den Garten ein und bereichert ihn.

Grasauslauf

Besonders schön und der Stolz der meisten Hühnerhalter ist ein gepflegter Rasenauslauf. Wenn die Besatzdichte nicht an die zur Verfügung stehende Auslauffläche angepasst ist, erreicht man dies selten. Wie eine überbesetzte Rasenfläche mit der Zeit aussieht, kennen wohl die meisten, wenn auch unbewusst – monotone Humuswüsten ohne grüne Stellen, die sich bei Regen in Schlamm verwandeln. Damit dies nicht passiert, ist unter anderem besonders eine dichte Grasnarbe wichtig, die mit speziellen Grassorten erreicht wird. Allzu horstbildende Grasarten sind hierfür nicht geeignet. Sinnvoll für eine Neuaussaat sind Universal-, Sportplatz- oder Spielrasenmischungen. Dabei handelt es sich um besonders strapazierfähige Gräser mit starkem Wuchs.

Auch eine bereits bestehende Grasfläche ist als „Hühnerwiese" geeignet. Mit der Zeit werden Sie feststellen, welche Grasarten sich durchsetzen und welche durch das Scharren verschwinden. Es hält sich die irrige Meinung, Hühner würden große Mengen Gras fressen. Doch in Wirklichkeit fressen sie lediglich die frischen Grasspitzen und keinesfalls die älteren Teile. So sollte das Gras im Auslauf kurz gehalten werden, damit es ständig frisch nachwachsen kann. In der Hauptwachstumszeit kann durchaus ein wöchentlicher Schnitt angebracht sein. Ein positiver Effekt ist, dass die Gräser auf kurzen Rasenflächen beim Scharren weniger zur Horstbildung neigen als dies bei langen Gräsern der Fall ist. Auffallend ist auch, dass man in Hühnerausläufen praktisch keine Moosbildung kennt, denn es hält dem Scharren nicht stand.

Um die Grasnarbe zu schützen, ist ein Wechselauslauf zu empfehlen. Dabei teilt man den Auslauf in zwei Abteile und lässt die

Kurz geschnittener Rasenauslauf ist ideal, braucht aber regelmäßige Pflege und nicht zu viel Tierbesatz.

Hühner im etwa zwei- bis dreiwöchigen Wechsel darauf laufen. Wer keinen Wechselauslauf einrichten kann, sollte bei mehrtägigem Regen die Hühner nicht mehr in den Auslauf lassen. Der Boden weicht stark auf und eingescharrte Löcher wären die Folge. Aber auch bei Hochsommerhitze leidet die Grasnarbe durch die Dürre und das Scharren. Etwas Abhilfe schafft dann eine Besprenkelung mit Wasser am Abend.

Kommt es trotz aller Vorsichtsmaßnahmen doch zu einer Kahlstelle oder gar Löchern, müssen diese aufgefüllt und frisch eingesät werden. Zum Schutz der Neueinsaat kann man die Stelle mit einem speziellen Vlies abdecken und nach der Keimung ein feinmaschiges Drahtgeflecht darauf legen. Die Hühner sollten erst dann freien Zugang haben, wenn die Fläche dreimal gemäht und so genügend durchgewurzelt ist.

Eine Frühjahrsdüngung mit mineralischem Volldünger ist für die Grasnarbe zu empfehlen. Die Hühner dürfen dann aber erst nach mehrmaligem Regen in den Auslauf gelassen werden, damit sie die Düngerkörner nicht aufnehmen können. Gut verrotteter Kompost ist ebenfalls ein wertvoller Dünger und kann bedenkenlos ganzjährig ausgebracht werden. Dies geschieht am sinnvollsten vor einem zu erwartenden Regen, damit der Humus möglichst schnell eingeschwemmt wird.

Gut zu wissen

Bei einer vollständigen Neuanlage des Hühnerauslaufes können Sie auch Rollrasen einsetzen. Der Preis ist moderater geworden und Rollrasen wurde zur echten Alternative, weil auch die nötige Strapazierfähigkeit, je nach Gräserzusammensetzung, gegeben ist.

Weitere Bodenstrukturen

Sollte es trotz aller Bemühungen nicht möglich sein, wenigstens eine einigermaßen intakte Grasnarbe zu erhalten, muss man handeln. Keinesfalls sollte man einen völlig überweideten Auslauf dulden. Ständige Infektionen wären die Folge und der Gesundheitszustand der Hühner ließe zu wünschen übrig.

Die sinnvollste Lösung, einen gesunden Untergrund im Auslauf zu schaffen, ist Holzhäcksel. Dieser wird in Sägewerken günstig angeboten und sollte gut 30 Zentimeter hoch eingebracht werden. Unter Umständen muss zuvor etwas Erde abgegraben werden, um das Geländeniveau nicht allzu sehr zu beeinflussen. Der große Vorteil von Holzhäcksel liegt darin, dass er das Regenwasser sehr gut durchlässt und sich als natürliches Material auch optisch der Umgebung anpasst.

Kies in Ausläufen ist zwar auf den ersten Blick eine saubere Alternative, auf die Dauer aber keinesfalls anzuraten. Spätestens wenn der Hühnerkot die Zwischenräume gefüllt hat, muss man die Kiesschicht erneuern. Dabei ist die Entsorgung dieses Kieses das Hauptproblem, denn durch die Verschmutzung verbietet sich eine Weiterverwendung im Bau.

Einen großflächigen Sandauslauf wird man kaum finden, denn Sand hat die Eigenschaft, sich bei Regen stark zu verdichten und beim anschließenden Abtrocknen ziemlich hart zu werden. Die Staunässe führt zudem zu erhöhter Infektionsgefahr. In kleineren Ausläufen oder im direkten Stallumfeld hat Sand aber seine Berechtigung. Vor allem, wenn diese Stellen trocken sind, können sie mit einem Laubrechen sehr leicht sauber gehalten werden.

Hecken

Hecken sind ein wichtiges Gestaltungselement im Gartenbau und haben auch in Hühnerausläufen ihre volle Berechtigung, beispielsweise zur Begrenzung des Auslaufes.

Wenn Sie eine Hecke vor einen Zaun pflanzen, kann dieser wesentlich niedriger ausfallen, ohne dass Sie befürchten müssen, die Tiere könnten ausbrechen. Dazu kaschiert die Hecke einen Zaun, wenn dies gewünscht wird.

Ein weiterer Aspekt, bezogen auf die Zugluftempfindlichkeit der Hühner, ist der Windschutz, den eine Hecke bietet. Hühner halten sich bevorzugt unter Hecken auf, weil sie sich dort besser geschützt fühlen als im freien Gelände. Unter älteren Hecken richten sie sich außerdem gerne ein Staubbad ein, das die meiste Zeit des Jahres trocken und damit einsatzfähig ist. Der Heckenpflanze schadet dies nicht, denn sie ist stark verwurzelt. Allerdings sollte man bei einer frisch gepflanzten Hecke darauf achten, dass die Hühner nicht zu stark scharren.

Bei den Heckenpflanzen unterscheidet man zwischen immergrünen Gehölzen, Nadel- und Laubgehölzen. Für jeden Geschmack ist etwas dabei. Immergrüne Gehölze bieten auch im Winter einen Sichtschutz und man muss im Herbst keine Nadeln oder Laub wegräumen.

Auf jeden Fall muss darauf geachtet werden, dass die Heckenpflanzen nicht giftig sind, wie beispielsweise Eiben.

Ein Aspekt, der meines Erachtens bei der Pflanzenwahl mitentscheidend sein sollte, ist es, einheimische Gewächse zu bevorzugen, weil sie unserem natürlichen Lebensraum angehören. Immergrüne Hecken, mit Ausnahme von Wacholder, Buchs und Eibe, stammen ursprünglich nicht aus Mitteleuropa und werden deshalb von der Vogelwelt nicht so gerne angenommen. Sie bevorzugen heimische Laub- und Nadelgehölzhecken und man sollte ihnen deshalb den Vorzug geben. Obwohl auch Thuja und Co. Nadelgehölze sind und zuweilen recht gerne verwendet werden, bieten sie der Vogelwelt nur wenig Nutzen. Für den Hühnerhalter scheiden sie deshalb in der Regel aus.

Vor allem in den ersten Jahren des Wachstums müssen Hecken regelmäßig geschnitten werden, damit sie dicht werden. In späteren Jahren kann man sich dann auf eine entsprechende Höhe und Breite der Hecke festlegen. Aber auch eine „verwilderte" Hecke, die vielleicht nur im zweijährigen Rhythmus geschnitten wird, hat ihre Berechtigung – für die Vogelwelt allemal.

Damit die Heckenpflanzen sicher anwachsen, sollten sie feucht gehalten werden, auch im Winter. Im Sommer achtet man selbstverständlicher darauf, vergisst man es aber im Winter, kann die Hecke vertrocknen. Deshalb sollte man bei mehreren frostfreien Tagen hintereinander die Hecke ausgiebig gießen, selbst wenn die Nachbarn etwas ungläubig schauen.

Soll eine Hecke einen Bereich innerhalb des Gartens abtrennen, kann man mit der Pflanzung umgehend beginnen. Etwas anders sieht es aus, wenn die Hecke eine Grenze zum Nachbargrundstück bilden soll. Hierzu gibt es gesetzliche Rahmenbedingungen, die eingehalten werden müssen. Darin werden unter anderem der Grenzabstand sowie die zulässige Maximalhöhe geregelt. Vorherige Information ist durchaus zu empfehlen, um eventuellem späteren Ärger aus dem Weg zu gehen.

Bäume und Sträucher

Hühner lieben das Wechselspiel zwischen Licht und Schatten. Sie halten sich bevorzugt unter Bäumen auf und fressen die heruntergefallenen Früchte mit Hingabe. Nicht umsonst war früher der Obstgarten des Hauses der Hühnerauslauf. Unter den Apfel-, Birnen- und anderen Obstbäumen waren die Hühner zudem vor

Gut zu wissen

Eine Hecke im Auslauf bietet zahlreiche Vorteile, braucht aber auch etwas Pflege.

Greifvögeln geschützt. Noch heute sind sie als idealer Bewuchs und Strukturierung eines Hühnerauslaufes anzusehen. Die Äste setzen normalerweise so hoch an, dass das Rasenmähen ohne größere Probleme möglich ist, und sie sind so lichtdurchlässig, dass sich darunter eine gesunde Grasnarbe entwickeln kann. Das Obst wird von den Hühnern angepickt und sehr gerne gefressen. Wenn man die Früchte selbst ernten möchte, sollte man sie morgens absammeln, bevor die Hühner in den Auslauf gehen.

Wem der Aufwand mit Obstbäumen zu groß ist oder wer keinen Platz hat, dem bieten Sträucher guten Ersatz. Auch hier sollte man auf einheimische Straucharten zurückgreifen, an vorderster Stelle ist hier der Holunder zu nennen, der Hühnerstrauch schlechthin. Im Sommer spendet er Schatten und im Herbst Früchte, die von den Tieren begeistert gefressen werden und mit ihren Inhaltsstoffen ein optimales Beifutter darstellen. Auch Schlehen (Schwarzdorn), Weißdorn oder Haselnuss sind optimal für den Hühnerauslauf und können ohne Einschränkung empfohlen werden. Sie sind robust und lassen auch einen kräftigen Rückschnitt zu.

Unter Büschen halten sich Hühner gerne auf, noch dazu, wenn es sich um Beerensträucher handelt.

Holunder – der Hühnerstrauch

„Ein Hühnerauslauf ohne Holunder ist wie ein Auto ohne Reifen!" Diesen vielleicht auf den ersten Blick etwas sonderbaren Spruch, den mir ein erfahrener Hühnerzüchter erzählt hat, hat durchaus seine Berechtigung. Wohl kein anderer Strauch vereinigt eine solche Vielzahl an Vorteilen wie der Holunder, und zwar das ganze Jahr über. Man kann deshalb nachvollziehen, wenn man Holunder auch als den „Hühnerstrauch" schlechthin bezeichnet. Der Holunder ist ein sehr robuster und anspruchsloser Strauch. Er kommt mit einfachsten Bodenvoraussetzungen zurecht und verträgt selbst absolut schattige Standorte. Dort ist dann sein Wachstum etwas schwächer, aber im Vergleich zu manch anderem Strauch immer noch üppig.
Hat er erst einmal richtig Fuß gefasst, können Sie ihn großzügig schneiden. Er wird immer wieder austreiben und dann sein dichtes Blattdach zeigen. Obwohl er ziemlich schnell nach oben strebt, sollten Sie darauf achten, dass er auch im unteren Bereich neue Triebe ausbildet. Ein frühzeitiger Rückschnitt kann dies fördern.
Für die Hühner bedeuten gerade diese unteren Triebe die Chance, sich darunter zu verstecken. Und während der Fruchtphase erhaschen die Hühner dann auch

die ersten Beeren – die Vitamine wachsen ihnen geradezu in den Schnabel.
Trägt der Holunder seine Doldenblüten, legen die Hennen bei natürlicher Haltung sehr wenig. Das hängt aber weniger mit dem Blühen des Holunders zusammen, sondern eher mit der Jahreszeit. „Wenn der Holunder blüht, sind die Hühner müd", gilt also in jedem Fall.

Giftig? Oder nicht?

Hier werden vielleicht einige stutzen: Ist Holunder nicht giftig? Die unreifen Beeren sind es tatsächlich, aber diese werden von den Hühnern nicht gefressen. Die reifen, schwarzen Beeren sind in rohem Zustand ebenfalls ganz leicht giftig, doch sind solch geringe Mengen für die Hühner nicht schädlich. Ganz im Gegenteil: Es handelt sich um ein sehr vitaminreiches Futter.

Holunder ist der ideale Hühnerstrauch und zu jeder Jahreszeit eine Zierde.

Zierbepflanzung

Manche Hühnerhalter wählen eine Rasse aus, die in ein ganz bestimmtes Ambiente passen – zum Beispiel Chabo oder Zwerg-Cochin. Sie stammen aus Japan beziehungsweise den kaiserlichen Gärten in Peking. Für sie eignet sich eine asiatische Gartenlandschaft, wie sie immer öfter zu finden ist: kleine Steinpagoden, ein Teich mit Koi und Bambus. So lässt sich ein ganz individueller Ziergarten mit der Hühnerhaltung vereinbaren oder gar speziell planen und anlegen.

Bei der Wahl der richtigen Bambussorte sollte man sich Zeit lassen und sich auf jeden Fall mit einem Fachmann unterhalten, denn bis auf wenige Ausnahmen gehört Bambus zu den sehr stark wachsenden Pflanzen und einige Arten können sehr hoch werden. Auch ist die Rhizombildung, also die Ausläuferbildung im Boden, nicht bei allen Arten gleich stark ausgeprägt. Bambusarten mit zu starker Tendenz, sich auszuweiten, können in kleinen Ausläufen die Bodenstruktur innerhalb kurzer Zeit erheblich verändern. Für den Auslauf haben sich die in dieser Hinsicht etwas zurückhaltenderen Arten bewährt.

Mit dem Eingraben spezieller Bambusbänder und Wurzelsperren kann zu starkes unterirdisches Wachstum verhindert werden und ist deshalb auch anzuraten. Dieser vermeintliche Nachteil des Bambus ist zugleich ein nicht zu unterschätzender Vorteil, vor allem wenn der Auslauf groß genug ist. So bietet eine mit Bambus bewachsene Ecke oder Insel den Hühnern sehr viel Schutz und Sicherheit. Greifvögel haben hier keinen Einblick und greifen demnach die Hühner auch nicht an. Ein weiterer Vorteil ist der lockere, trockene Boden. Hier scharren die Tiere sehr gerne und richten sich ein Staubbad ein, das sich auch bei Regenwetter nutzen lässt, weil das dichte Blätterdach verhindert, dass zu viel Wasser auf den Boden gelangt.

Eine inzwischen praktisch eingebürgerte Pflanze ist Topinambur und deshalb bei fast allen Hühnerhaltern zu finden. Die gesamte Pflanze kann ideal für die Fütterung herangezogen werden, und zwar von der Knolle bis zu den Stängeln und Blättern. Die Knollen erinnern weitestgehend an wuchernde Kartoffeln und werden in der Regel am Rand des Auslaufes eingepflanzt.

Japanische Stilelemente im Garten ergänzen sich mit einer entsprechenden Rasse ideal, hier ein Ohiki-Hahn.

Pflanzenart	Verwendung
Hainbuche, Liguster	Laubgehölz für die Heckenbepflanzung
Fichte, Wacholder	Nadelgehölz (immergrün) für Heckenbepflanzung und Einzelstellung
Holunder	Laubgehölz für die Einzelstellung oder in kleinen Gruppen
Haselnuss	Laubgehölz für die Einzelstellung oder in kleinen Gruppen
Obstbäume (Halb- und Hochstamm)	Laubgehölz für die Einzelstellung

Die Knollen treiben im Frühjahr Pflanzen aus, die unter guten Bedingungen über zwei Meter hoch werden. Den Erntezeitpunkt legt man selber fest. Im Normalfall werden die Pflanzen bei einer Höhe von etwa 1,50 Meter knapp über dem Boden abgeschnitten und dann am Stängel getrocknet. Im Winter ist dies ein sehr hochwertiges Futter, das die Hühner mit Begeisterung aufnehmen. Da sich Topinambur relativ schnell ausbreitet, sollte man ihm im Vorfeld einen bestimmten Platz zuweisen. Treten Austriebe außerhalb dieses Bereiches auf, sollte man die Knollen ausgraben. Im zeitigen Winter oder Frühjahr steht damit ein sehr vitaminreiches Futter zur Verfügung.

Topinambur ist aber so robust, dass er zu jeder Zeit sowohl ober- als auch unterirdisch geerntet werden kann. Die Pflanze ist bei Hühnern so beliebt, dass sie auch im Auslauf sehr stark abgefressen wird. Den Platz darunter nützen sie so wie beim Bambus und anderen Sträuchern, nur ist Topinambur durch die Verwertungsmöglichkeiten der Pflanzenteile wesentlich wertvoller.

Schutz der Pflanzen

Während Hühner an älteren, gut angewachsenen Büschen und Bäumen normalerweise keinen Schaden anrichten, sieht dies bei Neupflanzungen unter Umständen ganz anders aus. Gerade im direkten Umfeld um den Stamm scharren Hühner ganz besonders gern, sodass richtige Löcher entstehen können. Dies kann dazu führen, dass die Neupflanzung nicht anwächst und alle Mühe umsonst ist. Um das zu verhindern, können Sie engmaschiges Drahtgeflecht etwa drei bis vier Zentimeter flächig in die Pflanzscheibe eingraben. Achten Sie an den Rändern darauf, dass die Enden des Drahtes etwas nach unten gebogen werden, damit sie später nicht zu Verletzungen an den Hühnerfüßen führen. Säen Sie darauf dann gleich Gras ein, haben Sie relativ schnell eine dichte Grasnarbe, die kaum zerstört werden kann. Darunter kann die Pflanze in aller Ruhe starke Wurzeln bilden. Das Drahtgeflecht können Sie vollständig einwachsen lassen. Möchten Sie Ihren Hühnern nach ein paar Jahren noch die Chance geben, ein Staubbad unter dem Busch anzulegen, können Sie es einfach ausgraben.

Niedrige Büsche in Ausläufen schaffen zwar Strukturierung, werden aber von den Hühnern auch gerne abgefressen. Damit ist von der ursprünglichen Schönheit nicht mehr viel übrig. Natürlich kann man dies verhindern, indem man Drahtgeflecht herumwickelt. Dies ist zwar praktisch, stört aber das ästhetische Empfinden massiv.

Als bester Schutz vor ist wohl immer noch eine gute Grasnarbe mit vielen verschiedenen Gräsern zu sehen. Sind die Hühner nämlich beschäftigt und können hier ihren Bedarf an Grünfutter stillen, stören die wenigen fehlenden Blättchen am Strauch kaum.

Beschattungen

Bäume und Büsche in Ausläufen sind oft die einzigen Plätze, unter denen sich die Hühner im Schutz und Schatten etwas ausruhen können. Pflanzen benötigen aber dauerhafte Pflege und können einem im Lauf der Zeit etwas über den Kopf wachsen und zu viel Platz im Auslauf einnehmen.

Als Schattenspender und als Schutz für die Hühner wurden in früheren Zeiten Heureuter, also die Trockengestelle für Gras, in den Hühnerausläufen gerne aufgestellt. Sie sind nach wie vor sehr praktisch und selbst für den wenig versierten Halter einfach zu handhaben und mit Gras zu behängen, und zwar vom Frühsommer bis in den Herbst hinein. Das Heu kann selbstverständlich anschließend verfüttert werden, sonst gibt man es einfach bei der Grünschnittsammelstelle ab oder kompostiert es. Solche Heureuter können mit wenig Aufwand zur Seite gerückt werden und der Auslauf ohne Probleme vollständig gemäht werden.

Wind- und Sichtschutz

Gut zu wissen

Bei der Höhe des Wind- und Sichtschutzes gilt das bei der Hecke angeführte. Auch hier müssen Sie sich unter Umständen im Vorfeld genau erkundigen und mit den Nachbarn reden.

Nicht überall kann aus Grenz- oder Platzgründen eine Hecke als Wind- und Sichtschutz gepflanzt werden. Bei eher kleinen Ausläufen und in Gemeinschaftszuchtanlagen muss man deshalb andere Lösungen finden. Die einfachste ist, die im Bau- und Gartenfachmarkt erhältlichen Sichtblenden zu verwenden, die in Standardmaßen angeboten werden. Über das Aussehen solcher Elemente kann man natürlich geteilter Meinung sein. Lässt man sie aber mit Rankpflanzen bewachsen, passen sie sich wesentlich besser an und wirken nicht als Fremdkörper. Selbstgebaute Holzwände oder Rankgitter, die man sich bewachsen lässt, erfüllen den gleichen Zweck, sehen aber individueller aus.

Ein niederer Sichtschutz zwischen einzelnen Ausläufen kann sehr sinnvoll sein. Denn haben nebeneinander laufende Hähne Sichtkontakt, kann es zu Rangeleien durch den Zaun und bei großmaschigem Geflecht zum Teil zu bösartigen Verletzungen kommen.

Sichtblenden aus Brettern, Schilf-
rohrmatten und Ähnlichem, die etwa
50 Zentimeter hoch sind, verhindern
dies. Darüber hinaus bieten sie einen
wirklich guten Windschutz, denn vor
allem die bodennahen Winde stören das
Wohlbefinden der Tiere.

Raumteiler

Laufen in einer Geflügelherde mehrere
Hähne oder sind die Hennen untereinander aggressiv, sollte man Ausweich-
möglichkeiten schaffen. Vor allem in
Ausläufen, die so bepflanzt sind, dass
am Boden nur Stämme stehen wie bei
einer Obstbaumwiese, tut man gut
daran, den Hühnern verschiedene Ver-
steckmöglichkeiten anzubieten. Sonst
jagen sich die Tiere unter Umständen
den ganzen Tag und es herrscht sehr
viel Unruhe in der Herde.

Ein einfacher Balken im Auslauf wird von den Hühnern
gerne als Sitzgelegenheit angenommen.

   Bei großen, offenen Rasenflächen
und größerer Tierzahl sind Abtrennungen auf jeden Fall zu empfehlen und zwar mehrere. Bevor diese aber fest fixiert werden,
sollte man die Abstände dazwischen abmessen, dass man mit dem
Rasenmäher problemlos hindurchkommt.
   Die einfachste Möglichkeit ist das Aufstellen von Schaltafeln,
die an kleinen Pfosten befestigt werden. Sie bieten sowohl ideale
Versteck- als auch Aufbaummöglichkeiten. Das Aufbaumen zeigen
vor allem ranghöhere Tiere, indem sie jede höher gelegene Sitz-
möglichkeit nutzen, um ihre Position in der Hierarchie zu verdeut-
lichen. Sind Sträucher im Auslauf vorhanden, nutzen die Hühner
diese gerne dazu, ohne dass diese Schaden nehmen.

Volieren

Volieren sind im eigentlichen Sinn Flugkäfige und sie werden
deshalb vor allem in der Haltung von Ziervögeln und Tauben eingesetzt. Besonders in dicht besiedelten Gegenden und bei Rassen,
die über ein ausgeprägtes Flugvermögen verfügen, ist die Voliere
die optimale Lösung für die Unterbringung der Vögel. Ein weiterer
Aspekt ist die absolute Sicherheit, die die Hühner darin haben. Vor
allem bei einer Betreuung durch eine Urlaubsvertretung oder wenn
man abends später nach Hause kommt, haben die Hühner Zugang
ins Freie, ohne dass man befürchten muss, dass Fuchs, Wiesel

oder Marder eindringen und großen Schaden anrichten könnten. Die Größe der Voliere wird vom zur Verfügung stehenden Platz bestimmt, da sie dem eigentlichen Auslauf in den meisten Fällen nur vorgeschaltet ist. Volieren sind häufig so breit wie der Stall und gehen zirka drei bis vier Meter in die Tiefe. Sie brauchen nicht unbedingt eckig zu sein und können in einer Form gebaut werden, die sich besonders gut der Umgebung anpasst.

Fundament

Die Begrenzung der Voliere geschieht am sinnvollsten mit einem kleinen Fundament oder mit Stellplatten, die genauso vorbereitet und verarbeitet werden wie bei der Stallgründung (siehe Seite 32 ff.). Dabei werden aber Volierenfundamente in den seltensten Fällen auf Frosttiefe gegründet – 40 Zentimeter ist eine übliche Tiefe. Das Fundament oder die Stellplatten sollten etwa 20 Zentimeter über das umliegende Bodenniveau reichen.

Stellplatten gibt es in den Stärken 6, 8 und 10 Zentimetern. Es ist ideal, wenn das Volierenbaumaterial in der gleichen Stärke verwendet wird, damit sich kein Absatz am Übergang von Fundament und Volierenaufbau bildet. In Gegenden, in denen starke Schneefälle die Ausnahme sind, haben sich sechs Zentimeter starke Stellplatten bewährt, sonst sollten Sie auf zehn Zentimeter breites Material zurückgreifen.

Aufbau

Der Aufbau der Volieren erfolgt in den meisten Fällen mit Holzbalken, die eine Kantenlänge von 6, 8 oder 10 Zentimeter haben. Um

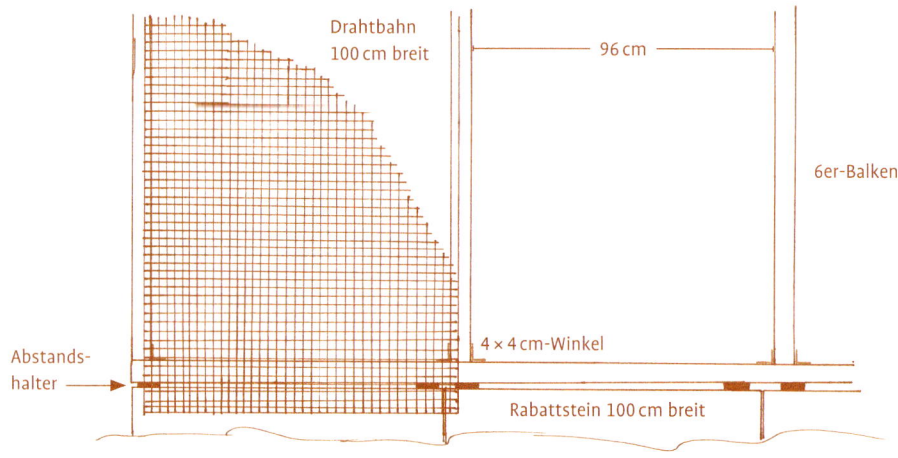

Drahtbahn 100 cm breit · 96 cm · 6er-Balken · Abstandshalter · 4 × 4 cm-Winkel · Rabattstein 100 cm breit

Schematische Darstellung des Aufbaues der Balkenkonstruktion mit Maschendrahtgeflecht.

eine größere Haltbarkeit zu erreichen, sollte kesseldruckimprägniertes Holz verwendet werden. Nichtsdestotrotz ist ein zusätzlicher Anstrich mit einer Holzschutzlasur oder -farbe zu empfehlen, der im zweijährigen Rhythmus wiederholt werden sollte. Einen sehr dauerhaften Holzschutz erreicht man, wenn man auf den oben verlaufenden Hölzern Bitumenpappe-Streifen anbringt.

Der Bau einer Voliere ist relativ einfach und dem eigentlichen Stallbau ähnlich. Auch hier werden für die Verbindungen Metallwinkel und Schrauben verwendet. Als Besonderheit muss man anmerken, dass die untersten Holzbalken nicht direkt auf die Stellplatten gelegt werden sollten, denn die hier auftretende Staunässe lässt das Holz schneller faulen. Unter die Querbalken können etwa ein Zentimeter dicke, wasserbeständige Siebdruckplattenstücke gelegt werden. Sollte Jahre später eines dieser Plattenstücke qualitativ gelitten haben, können Sie es mit einem Hammer herausschlagen und durch ein neues ersetzen.

Den Abstand zwischen den einzelnen senkrechten Streben wählt man im Idealfall mit 96 Zentimetern. Das im Handel erhältliche Drahtgeflecht hat eine Breite von einem Meter, sodass eine ideale Verarbeitung möglich ist, wenn es vertikal verwendet wird.

Dauerhafter als Holz sind Volieren aus Metall. Da Volieren, die man am eigenen, individuellen Stall anbaut, meist keine Normmaße vorweisen, wird man sich einen Volierenrahmen schweißen lassen müssen. Hier sollten Sie unbedingt Fachleute heranziehen, damit eine einwandfreie und damit dauerhafte Lösung gewährleistet ist.

Die gesamte Voliere muss mit einem Rostschutzgrund vorgestrichen werden, ehe ein abschließender Anstrich erfolgt. Je nach Witterung ist es sinnvoll, alle zwei Jahre nachzustreichen.

Sehr vielfältig ist das angebotene Drahtgeflecht sowohl in der Stärke als auch Maschenweite. Grundsätzlich lässt sich jedes Drahtgeflecht verwenden, ratsam ist ein kleinmaschiges, das ein Eindringen von Spatzen, Mäusen, sonstigem Ungeziefer und Raubwild verhindert. Üblich ist das relativ günstige Sechseck- oder punktgeschweißtes Viereckgeflecht, das wesentlich teurer ist. Haltbarkeit und Spannfähigkeit sind hier aber um ein Wesentliches höher, sodass es sich lohnt, zu diesem Material zu greifen. Als maussichere Maschenweite verwendet man 10×10 Millimeter. Neben verzinktem Material gibt es auch Drahtgeflecht mit Kunststoffummantelung, das besonders widerstandsfähig, aber auch teuer ist.

Muss die Voliere nicht raubzeugsicher sein und der Maschendraht soll vorrangig nur verhindern, dass die Hühner ihn überfliegen und ins Nachbargrundstück gelangen, können auch die schon erwähnten Armierungsmatten für Stuckateure verwendet werden oder sonstiges, grobmaschiges Drahtgeflecht.

Auf den Holzrahmen der Voliere wird das Drahtgeflecht am sinnvollsten mit Drahtschlaufen aufgenagelt. Mit einem elektrischen Tacker, wie man ihn beim Maschinenring ausleihen kann, geht dies natürlich schneller und ist auch etwas komfortabler. Eine zweite Person als Hilfe beim Spannen des Drahtes ist auf jeden Fall anzuraten. Etwas aufwendiger ist die Drahtbefestigung bei einer Metallkonstruktion. Sie geschieht entweder mit speziellen Metallschrauben, die große Unterlegescheiben haben, oder man wickelt das Geflecht mit Bindedraht um die Konstruktion. Diese Möglichkeit wird weitaus häufiger angewandt, da die Metallkonstruktion so nicht „beschädigt", also angebohrt wird.

Neu mit Drahtgeflecht bespannte Volieren wirken manchmal anfangs wie ein Fremdkörper, weil der verzinkte Draht noch stark glänzt. Nach mehrmaligem Regen wird dieser aber stumpfgrau und passt sich besser an. Wem dies immer noch zu unruhig erscheint, der tut gut daran, das Drahtgeflecht nach etwa sechs Monaten mit einer speziellen Metallfarbe zu streichen, was mit einer Schaumstoffwalze am besten gelingt. Die Wartezeit bis zum Streichen muss eingehalten werden, will man ein gutes Ergebnis erzielen. Neu verzinktes Drahtgeflecht nimmt die Farbe nur sehr schlecht an, verwittertes nicht.

Türen in Volieren werden am besten aus dem gleichen Material gebaut wie die restliche Konstruktion. Auf etwa 80 Zentimeter Höhe wird ein Querholz angebracht. Hierauf schraubt man dann den Riegel, der am besten mit einem Vorhängeschloss gesichert wird. Angeschlagen wird die Türe so, dass sie nach innen aufgeht, denn die Hühner werden rasch erkennen, wenn Sie kommen und Ihnen schnell entgegenrennen. Geht die Tür dann nach außen auf, stehen Sie zwischen den Hühnern, die hinausdrängen und sich dann kaum in der Voliere halten lassen. Bei nach innen öffnender Tür werden die Hühner innerhalb der Voliere gehalten.

Kaltscharrraum

Der Begriff Kaltscharrraum ist eine neue Namensgebung für eine altbekannte Variante der Voliere, die mit dem Auftreten der Vogelgrippe in Deutschland Fuß zu fassen scheint. Der Kaltscharrraum soll verhindern, dass Vögel oder deren Ausscheidungen in direkten Kontakt zu den Hühnern im Innern kommen können. Damit soll gewährleistet werden, dass keine Übertragung des Vogelgrippe-Virus H5N1 stattfinden kann.

Dies ist am ehesten möglich, wenn das verwendete Drahtgeflecht kleinmaschig gewählt und die gesamte Voliere überdacht wird, ob lichtdurchlässig oder nicht. Die meisten Halter tendieren aber dazu, den Kaltscharrraum mit lichtdurchlässigem Material zu

Tipp vom Profi

Als Farbton für ein Drahtgeflecht kommt nur Schwarz in Frage – und das hat seinen Grund. Schwarz wirkt für unser menschliches Auge unsichtbar und man hat einen ungehinderten Einblick in die Voliere, ebenso bei sehr kleinmaschigem Drahtgeflecht, das sonst doch recht irritierend wirken kann.

überdachen. Vom recht günstigen Wellpolyester bis zu teuren, aber erstklassigen Plexiglassystemen ist alles möglich.

Üblich, weil einfach zu verlegen, sind Wellensysteme. Sie gibt es in der gleichen Ausführung wie Faserzementplatten, sodass sie miteinander kombiniert werden können. Stegplatten werden oft mit Nut und Feder miteinander verbunden. Eine ideale Lösung für das Wohlbefinden der Tiere ist es, Material zu verwenden, das UV-Licht durchlässig ist und so beinahe das gesamte Lichtspektrum passieren lässt. Zu berücksichtigen ist, dass auch dieses Dach bei Regen jede Menge Wasser sammelt, das über eine Dachrinne abgeführt werden sollte und eine Anbindung an die Dachrinnen des Stalles sinnvoll ist.

Stallanbau in Holzständerkonstruktion, mit Drahtgeflecht bespannt. So kann beispielsweise ein Kaltscharrraum entstehen, der sich optimal in das Gartenumfeld einfügt.

Mobil bleiben

Grundfläche gesamt: 0,85 m²
Stallfläche: 0,35 m²
Besonderheiten: Kann leicht verstellt werden.

„Eigentlich wollte ich nur für eine Glucke samt Küken ein geeignetes Heim bauen. Für mich war dabei besonders wichtig, dass ich den Stall samt Auslauf einfach versetzen kann, damit immer frisches Grün zur Verfügung steht" – soweit die Ausführungen des Erbauers.

Bei den Planungen kam ein Kleinststall heraus, der eigentlich wie eine kleine Hundehütte wirkt.

Durch die seitlich angebrachten Seile und das geringe Gewicht ist es leicht, die Hütte regelmäßig zu versetzen. Damit die hölzerne Bodenplatte nicht direkt auf dem Erdreich liegt, stellt der Erbauer sein Kükenheim auf Klinkersteine. Damit wird der Boden unterlüftet und das Stallklima positiv beeinflusst.

Vor allem Küken sind gegenüber Infektionskrankheiten sehr anfällig, sodass das gesamte Kükenheim jeden zweiten Tag versetzt wird. Dies ist auch möglich, weil das Gatter nur an die Hütte herangerückt und nicht fest mit ihr verbunden wird. Soll das Gatter für eine Glucke mit Küken verwendet werden, muss man ein sehr engmaschiges Drahtgeflecht verwenden, denn nur dann haben

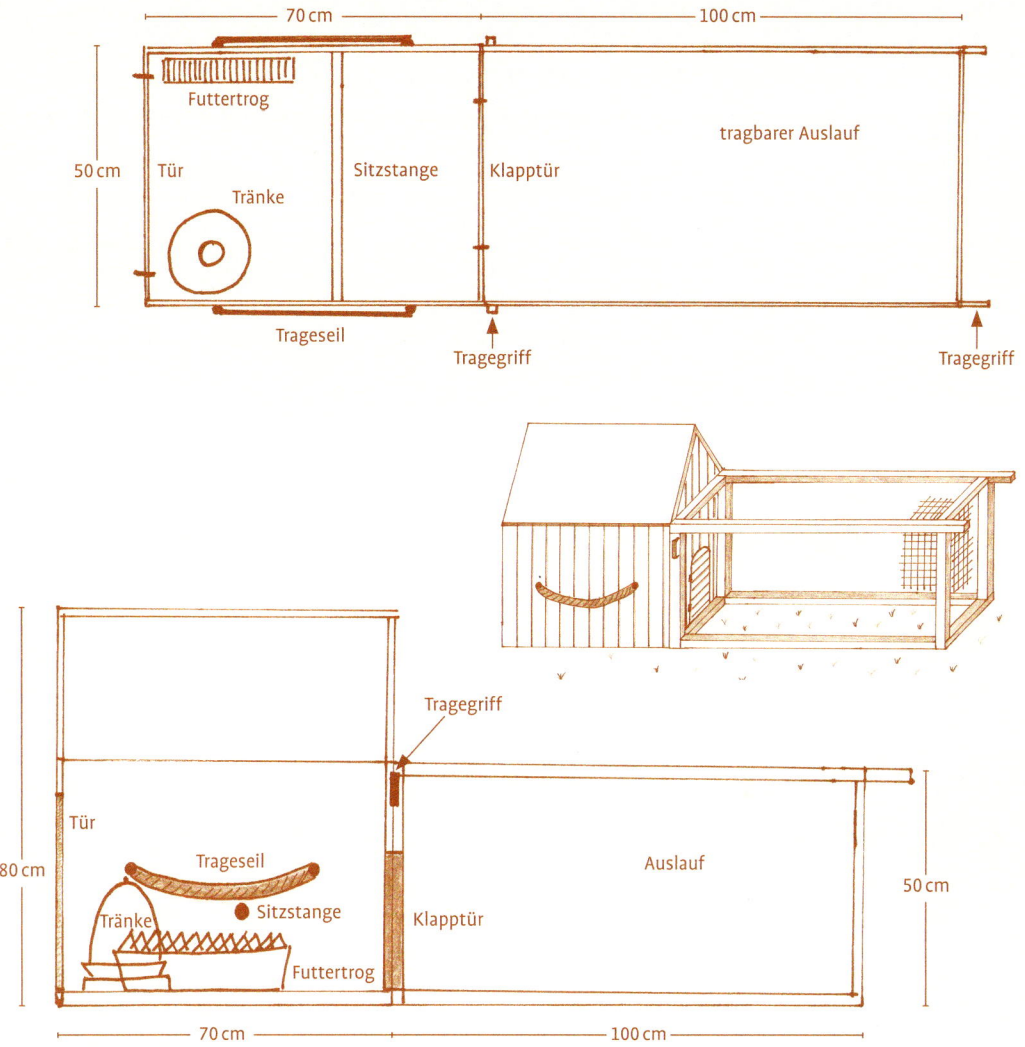

Katzen, Krähen und sonstige Raubtiere keinen Zugriff auf die Kleinen.

Damit das Gatter leicht zu versetzen ist, griff der Erbauer bei der Konstruktion auf einfache Dachlatten zurück. Ihre Haltbarkeit sei natürlich nicht besonders hoch, wenn sie der Witterung ausgesetzt seien, erklärte er mir, deshalb würde er das Gatter einmal jährlich streichen, besonders die Bodenlatten aber müssten mehrmals gestrichen werden. Inzwischen wird dieses transportable Heim gelegentlich auch für eine kleine Herde Zwerghühner genutzt, was unterstreicht, wie vielfältig eine solche Stall-Auslauf-Kombination sein kann.

Was Sie sonst noch wissen sollten

Wer einen Hühnerstall bauen möchte, wird nicht umhin kommen, sich auch mit Fragen des Baurechts, des Nachbarschaftsrechts, dem Tierschutz und rechtlichen Bestimmungen zu Mindestanforderungen an Stallgrößen zu beschäftigen. Außerdem unterliegt auch die private Hühnerhaltung gewissen Stallhaltungspflichten, die vom Gesetzgeber als Gesundheitsvorsorgemaßnahmen angeordnet werden können.

Ein anderer Gesichtspunkt der Hühnerhaltung ist die Entsorgung oder Verwertung des Hühnermistes, auf die im Folgenden kurz eingegangen wird.

Baurechtliche Voraussetzungen für den Stallbau

Mit der veränderten Lebenswelt, die die meisten von uns umgibt, ist auch die Hühnerhaltung nicht mehr die Regel. Dennoch findet man auf vielen Grundstucken kleine Stalle, die aus einer Zeit herrühren, als dies noch anders war. Wird solch ein Stall wieder mit Leben erfüllt, gibt es baurechtlich keinerlei Einwände dagegen. Anders kann dies bei einem Neubau aussehen.

Grundsätzlich gilt beim Nachbarschaftsrecht, dass die Wohn- und Lebensqualität des Nachbarn keine starke Beeinträchtigung erfahren darf. Diese Formulierung ist sehr allgemein gefasst und deshalb gibt es auch keine Faustregel in der Rechtsprechung, denn so subjektiv die Wahrnehmung des Einzelnen ist, so unterschiedlich wird von Bundesland zu Bundesland, von Region zu Region entschieden. Während beispielsweise das Läuten der Kuhglocken im Allgäu zur Kulturhistorie zählt und deshalb geduldet werden muss, sieht dies in der niederdeutschen Tiefebene völlig anders aus.

Von entscheidender Wichtigkeit ist die Kategorisierung des Grundstückes, auf dem der Stall erstellt werden soll. Während in reinen Wohngebieten die Tierhaltung an sich schwierig ist, gibt es in allgemeinen Wohn- oder gar Mischgebieten kaum Probleme. Zu welcher Kategorie das Grundstück gehört, ist aus dem regulären Bebauungsplan zu entnehmen. Persönliche Empfindungen über die Eingruppierung sind nicht entscheidend.

Nicht wenige Hühnerhalter bekamen Probleme mit Nachbarn und der Baurechtsbehörde, nachdem sie sich Hühner angeschafft hatten. Dabei ist in den wenigsten Fällen die Hühnerhaltung an sich das Problem, sondern der Bau des Stalles und in seltenen Fällen der Krähruf des Hahnes.

Man sollte sich bereits in der Planungsphase darüber informieren, wie groß und an welchem Platz man bauen darf. Grenzabstände und Gebäudehöhen müssen dabei genauso berücksichtigt werden wie der umbaute Raum. Bei Absprachen mit den Nachbarn sollte man auf deren schriftliches Einverständnis bestehen. Überhaupt ist bei der Hühnerhaltung auf ein gutes nachbarschaftliches Verhältnis hinzuwirken. Ein paar frische Eier von glücklichen Hühnern haben hier schon wahre Wunder vollbracht und die Akzeptanz der Hühnerhaltung wesentlich gesteigert.

Im Regelfall wird die zuständige Baurechtsbehörde keine Einwände gegen die Errichtung eines Hühnerstalles haben. Die üblicherweise gewählte Größe des Stalles liegt sowieso oft unter der, für die eine Baugenehmigung erforderlich wäre. In den meisten Bundesländern ist es so, dass man sehr kleine Bauten, in der Regel bis etwa 25 Kubikmeter umbauter Raum, nicht genehmigen lassen muss. Sie sind dann lediglich anzeigepflichtig. Um die genaue Größe für baugenehmigungsfreie Gebäude zu erfahren, sollte man sich bei einem Gespräch mit der Baurechtsbehörde informieren.

Sollte das Vorhaben die genehmigungsfreie Größe überschreiten, muss man sich um einen vollen Bauantrag bemühen. Dafür sind Zeichnungen erforderlich, die mit etwas Erfahrung selbst gefertigt werden können. Von einem Architekten gezeichnete Pläne sind bei Hühnerställen nur in äußersten Fällen nötig. Bei einem offenen Gespräch mit der Baubehörde und der Darlegung des Anliegens wird man mit Sicherheit wertvolle Tipps und Unter-

Der Krähruf eines Hahns kann in reinen Wohngebieten Grund zum Ärgernis sein – auch wenn das Tier noch so schön ist.

stützung erhalten. Dies umso mehr, wenn man den Hühnerstall auch ästhetisch an die Umgebung anpasst und ihn nicht zu einem reinen Zweckbau degradiert.

Rahmenbedingungen zur Vogelgrippe-Schutzverordnung

Das Auftreten der Vogelgrippe in Mitteleuropa und die damit zum Teil verbundene Hysterie in den Medien hat auch vor der Geflügelhaltung, und sei sie noch so klein, nicht Halt gemacht. Im Hinblick auf die Vogelgrippe-Schutzverordnung sei darauf hingewiesen, dass man als Privatmann seine Geflügelhaltung bei der zuständigen Behörde, zumeist ist dies das Kreisveterinäramt, anmelden muss. Dies geschieht in der Regel formlos und ist mit keinen Kosten verbunden. Trotzdem ist es anzuraten, sich hier bundeslandspezifisch zu informieren. Die gültigen Bestimmungen erhalten Sie je nach Zuständigkeit entweder bei den Kreisveterinärämtern oder bei den Landwirtschaftsämtern.

Je nach Situation und Auftreten infizierter Vögel gibt es teilweise bundeslandspezifisch ein Aufstallgebot, das mehrere Monate dauern kann. Das heißt, dass die Hühner während dieser Zeit nicht mit anderen Vögeln und deren Kot in Berührung kommen dürfen. Eine etwas großzügigere Auslegung verlangt, dass Hühner in einem bestimmten Abstand zu größeren Gewässern wie Seen und Flüssen aufgestallt bleiben müssen. Damit geht einher, dass der Auslauf vollständig überdacht sein und das Drahtgeflecht so engmaschig gewählt werden muss, dass kein anderer Vogel eindringen kann. Erwähnen sollte man auch, dass der Auslauf dann im Sinn des Baurechts ein Gebäude darstellt, was man bei der Planung bereits berücksichtigen muss. Da die Baurechtsämter aber um die Problematik wissen, agieren sie hier in der Regel recht großzügig.

All dies ist im Grund aber keine zufriedenstellende Lösung für den privaten Hühnerhalter, der sich an seinen Hühnern erfreuen und ihnen deshalb ein möglichst naturnahes Umfeld bieten will. Für ihn ist das natürlich produzierte Ei von glücklichen Hühnern die Krönung seines Schaffens. Dies ist der entscheidende Unterschied zur Wirtschaftsgeflügelhaltung, von der sich der Privatmann zu Recht abheben will.

Da eine reine Stallhaltung für die meisten Hühnerhalter im Privatbereich nicht in Frage kommt, greifen sie auf kleinere, dem Stall vorgebaute Kaltscharrräume zurück, die einen Zugang zum Auslauf haben. Erfolgt die staatlich verordnete Aufstallpflicht, steht den Hühnern neben dem Stall der Kaltscharrraum zur Verfügung. Ist der Kaltscharrraum gleichzeitig der direkte Bereich vor dem Stall, können zwei Fliegen mit einer Klappe geschlagen werden.

Mistaufbereitung

Hühner liefern Mist, der ein sehr wertvoller Dünger ist und deshalb zu schade, um ungenutzt zu bleiben. Da viele Hühnerhalter gleichzeitig begeisterte Hobbygärtner sind, können sie den Mist im eigenen Garten nutzen. Zimmerpflanzen mit ihm zu düngen ist grundsätzlich möglich, doch sehr selten, denn feuchter Hühnerkot riecht stark.

Der Nährstoffwert von frischem Hühnerkot liegt dabei deutlich höher als der von Rinder- oder Schweinemist und er kann deshalb sowohl im Gartenbau als auch bei der Baum- und Wiesendüngung verwendet werden. Wer den anfallenden Hühnerkot nicht selbst im Garten benötigt, kann ihn an Bekannte und Freunde abgeben, die sich über den wertvollen Dünger mit Sicherheit freuen werden. Vor allem Kleingärtner sind dankbare Abnehmer.

In den seltensten Fällen hat man selber für den Mist keine Verwendung beziehungsweise findet niemanden, der ihn brauchen kann. Vor allem in eher städtischen Regionen kann dies der Fall sein. In aller Regel muss der Mist dann über die Hausmülltonne entsorgt werden. Eigentlich eine Schande, wenn man bedenkt, welch wertvoller Dünger hier verloren geht. Fragen Sie vor der Entsorgung jedoch noch einmal beim zuständigen Abfallwirtschaftsamt nach, in welche Tonne der Mist gehört.

Jauche

Die Herstellung von Geflügeldungjauche ist wegen der starken Geruchsbildung nicht so sehr verbreitet. Um sie anzusetzen, wird Hühnermist mit Wasser in Eimern mehrere Tage stehen gelassen, ehe man die Flüssigkeit dem Gießwasser zugibt.

Kompostierung

Wird im Garten nicht der frische oder abgetrocknete Kot ausgestreut und untergeharkt, können Sie ihn mit Gartenabfällen kompostieren. Dabei mischen Sie den Hühnerkot des Kotbrettes mit Rasenschnitt oder sonstigen Pflanzenteilen, auch der entnommenen Einstreu, und schütten alles in einem handelsüblichen Holzkomposter oder in einem Thermokomposter auf – dies bleibt den Vorlieben des Halters vorbehalten. Die Geruchsbildung ist bei beiden Varianten jedenfalls sehr gering und nicht mit der von frischem oder nassem Hühnerkot vergleichbar.

Der hauptsächliche Unterschied besteht in der Schnelligkeit des Kompostierprozesses. Hier liegt der entscheidende Vorteil des Thermokomposters, denn bei ihm können Sie nach etwa vier bis sechs Monaten fertigen Kompost entnehmen. Wer größere Mengen zu kompostieren hat, wird dabei kaum mit einem auskommen, denn die Füllmenge ist nicht besonders groß.

Bei herkömmlichen Kompostern müssen Sie mindestens ein Jahr für die Kompostierung veranschlagen und es empfiehlt sich auch, den Kompost im Herbst umzusetzen. Trotzdem sind die offenen, herkömmlichen Komposter bei Geflügelhaltern eher die Regel.

Normale Komposthaufen für pflanzliche Küchen- und Gartenabfälle hingegen werden von manchen Haltern ganz bewusst in den Auslauf gelegt. Vor Jahren wurde ein Modell in der Schweiz propagiert, bei dem die Hühner Zugang zu einem Kompost erhielten, dort Pflanzenbestandteile aufnehmen konnten und der Kompostierungsprozess durch das ständige Scharren wesentlich beschleunigt wurde.

Wie früher den Misthaufen des Bauernhofs werden die Hühner den Komposthaufen als Aufenthaltsort bevorzugen und jede Menge Kleinlebewesen aufnehmen. Damit die Hühner einen einfachen Zugang haben, muss mindestens eine Seite etwas niedriger umrandet sein. Und man wird außerdem nicht umhin kommen, am besten wöchentlich, das heraus gescharrte Kompostgut wieder aufzuschichten.

Schädlingsbekämpfung

Gut zu wissen

Der Hühnerkot sollte an einem für die Hühner nicht zugänglichen Platz kompostiert werden, denn heute weiß man, dass die Aufnahme kleinster Kotpartikel nicht auszuschließen und der Gesundheit der Hühner alles andere als dienlich ist.

Obwohl wir alle baulichen Möglichkeiten ausschöpfen, um uns nicht mit Schädlingen herumärgern zu müssen, werden wir sie wohl nie gänzlich ausschließen können. Schädlinge wie Milben, Federlinge und andere, die direkt mit den Hühnern in Zusammenhang stehen, sind ohne Probleme zu bekämpfen. Der Fachhandel bietet geeignete Tropfmittel an, die am besten auf die Sitzstangen aufgebracht werden. Dies im monatlichen Rhythmus angewandt, ist eine bewährte Routine zur Bekämpfung dieses Ungeziefers. Immer wieder die Spinnennetze abzukehren ist ebenfalls ein probates Mittel, denn im Staub, der sich darin verfängt, können sich manche Erreger und Schädlinge aufhalten.

Darüber hinaus ist einmal jährlich eine Grunddesinfektion anzuraten. Gängige Desinfektionsmittel halten ebenfalls die Fachmärkte bereit und sollten nach Anweisung angewandt werden. Dabei ist zu berücksichtigen, dass die meisten Desinfektionsmittel erst bei einer Umgebungstemperatur von 15 °Celsius wirksam sind, was ihre Anwendung im Winter verbietet. Jegliche Desinfektions- und Ungeziefermittel, aber auch Gift zur Mäuse- und Rattenbekämpfung sollten niemals offen herumstehen. Sie gehören an einen trockenen Ort, zu dem vor allem auch (Klein-)Kinder auf keinen Fall Zugriff haben. Ein kleiner abschließbarer Schrank ist ideal dazu geeignet. Ist der Aufbewahrungsort nicht direkt im Stall, ist es umso sicherer.

Seite 133: Auf Misthaufen, zu denen Hühner freien Zugang haben, sollte kein Hühnermist kompostiert werden.

Ungeziefer bekämpfen

Wer Hühner hält, wird früher oder später mit Blutläusen zu tun haben. Vor allem in der warmen Jahreszeit setzen sich diese Blut-

sauger in nur jegliche erdenkliche Ritze im Stall. Besonders beliebt sind dabei Stellen mit kurzem Weg zu den Hühnern. Sie leben nämlich im Stall und gehen in der Regel erst bei Nacht auf die Tiere über. Als Brutstätten dieser Schmarotzer sind deshalb hauptsächlich der direkte Bereich der Sitzstangen, aber auch die Legenester beliebt. Hier gilt es also besonders auf der Hut zu sein.

Die früher in Eigenregie hergestellte Kalkmilch ist eigentlich auch heute noch ein sehr sinnvolles Mittel. Dazu nehmen Sie Löschkalk und setzen ihn mit Wasser an. Dieses Gemisch lassen Sie etwa zwei Tage lang stehen und rühren hin und wieder um. Danach wird die Kalkmilch mit einer breiten Pinselbürste im gesamten Stall verstrichen. Am besten an einem warmen Tag, sodass alles schnell trocknet.

Seit ein paar Jahren gibt es ein Stäubemittel auf Silikatstaubbasis auf dem Markt. Dieser wird einfach mit einer Plastikflasche zerstäubt. Das Produkt ist absolut umweltverträglich und wird auch in Bio-Betrieben eingesetzt. Die kleinen Staubkristalle lagern sich überall ab – auch auf einer eventuell notwendigen Brille des Anwenders. Putzt man diese einfach mit einem Tuch ab, wird sie „blind". Die Staubkristalle zerkratzen das Glas. Setzen Sie also vor der Anwendung nach Möglichkeit die Brille ab.

Die meisten Ungeziefermittel haben eine Breitbandwirkung. Es werden also zum Beispiel nicht nur die Rote Vogelmilbe, sondern auch Federlinge, Haarlinge, Läuse usw. bekämpft. Auf jeden Fall sollten Sie sich vor der Anwendung die Produktinformationen genau durchlesen.

Beutegreifer

Während das beschriebene Ungeziefer bei unseren Hühnern keinen Schaden anrichtet, wenn es nicht überhand nimmt, ist dies bei Mäusen, Ratten, Mardern, Wiesel, Mauswiesel und Füchsen anders. Ein dichter, aber heller Stall, ein gut gesicherter Auslauf und ein abgeschlossener Stall bei Nacht sind wohl die besten Vorbeugemaßnahmen. Trotz größter Vorsicht wird es sich trotzdem wohl nie ganz ausschließen lassen, dass diese Tiere einmal den Weg zu den Hühnern suchen. Hier wird auf Dauer nur eine Überspannung des Auslaufes mit einem Netz Abhilfe schaffen.

Gegen Marder, Wiesel und Fuchs dürfen Sie als Privatmann nicht vorgehen, sondern müssen den örtlichen Jäger in Kenntnis setzen, der dann die nötigen Schritte einleitet. Gehen Sie trotzdem selbst gegen diese Tiere vor, machen Sie sich dem Tatbestand des Wilderns schuldig und müssen mit der entsprechenden Strafe, die empfindlich hoch sein kann, rechnen. Das gilt übrigens auch für Greifvögel. Sie stehen unter Naturschutz und ihre Jagd ist selbst Jägern verboten. Entsprechende Vorsichtsmaßnahmen müssen also getroffen werden, wollen Sie dauerhaft Freude an Ihrer Hühnerhaltung haben.

Achtung

Die Kalkmilch ist stark ätzend. Deshalb sind sowohl beim Ansetzen, beim Umrühren und erst recht beim verstreichen auf jeden Fall eine Schutzbrille und -handschuhe zu tragen. Dies gilt im Übrigen auch für die käufliche Kalkfarbe, die jedoch deutlich teurer und dicker in der Konsistenz ist. Sie muss also zuerst noch etwas mit Wasser verdünnt werden.

Ratten und Mäuse

Mäuse und Ratten hingegen dürfen oder müssen sogar von Privatpersonen bekämpft werden. Kein offenes Futter herumliegen zu lassen, ist mit Sicherheit ein wirksames Mittel. Auch große Brotmengen, die von den Hühnern nicht innerhalb einer kurzen Zeit aufgefressen werden, ziehen vor allem Ratten geradezu magisch an. Und hat erst einmal eine den Weg gefunden, folgen ganze Familien nach.

So ist hier ständige Vorsorge zu betreiben, am sinnvollsten mit Giftködern, deren Wirkstoff die Blutgerinnung hemmt. Da dieses erst nach Tagen zu wirken beginnt, werden auch hartnäckige Rattenstämme, die sogenannte Vorkoster vorschicken, restlos bekämpft, weil die Tiere das Futter nicht mit dem zeitlich versetzten Effekt in Verbindung bringen.

Ratten- und Mäusegift wird hauptsächlich an Haferflocken, Weizen oder kleine Pellets gebunden, die auch von unseren Hühnern gerne gefressen werden. Deshalb muss unbedingt dafür Sorge getragen werden, dass zwar Mäuse und Ratten Zugang haben, Hühner aber keinesfalls damit in Berührung kommen können.

Die wohl beste Lösung sind Köderkisten. Dabei handelt es sich um ziemlich flache Kisten, in die nur die Schädlinge eindringen können. Darin liegt das Gift in einer zweiten Kammer. Im Handel sind diese Kisten aus Metall oder Kunststoff zu haben, privat werden sie hingegen meistens aus Holz hergestellt. Köderkisten können sowohl im Innen- als auch Außenbereich verwendet werden.

Selbst gebaute Kisten für den Auslauf werden am besten mit einem Stück Bitumenpappe geschützt. Mäuse und Ratten laufen in der Regel an Wänden entlang, sodass die Köderkisten auch hier aufgestellt werden sollten. Legt man so ganzjährig Gift aus, dürfte man mit diesen Schadnagern keine Schwierigkeiten bekommen. Ein etwa verirrtes Tier wird sofort gierig davon fressen und damit keine Nachkommen mehr produzieren. Dennoch ist eine ständige Kontrolle der Köderstellen unverzichtbar und ein Nachlegen bei Bedarf anzuraten.

Vögel

Singvögel fliegen kaum einmal in die Hühnerausläufe, um dort zu fressen, Sperlinge dagegen schon. Es kann sogar zu richtigen Invasionen kommen und dabei können eine große Anzahl von Krankheitserregern über den Kot übertragen werden. Deshalb sollte man darum bemüht sein, diese Vögel nicht allzu heimisch werden zu lassen. Die beste Vorsorge ist, die Hühner nicht im Freien zu füttern, denn Spatzen halten sich nur dort auf, wo sie Nahrung finden.

Gut zu wissen

Neuere Erkenntnisse bezüglich der Bekämpfung von Ratten und Mäusen besagen, dass immer wieder unterschiedliche Köderformen verwendet werden sollen. Auch sollte darauf geachtet werden, dass der Wirkstoff des Giftes nicht immer derselbe ist. Abwechslung bei Köder und Giftwirkstoff bringt also den größeren Erfolg.

Große Zuchtanlage

Grundfläche gesamt: 18,75 m²
Stallfläche: 4 × 3,75 m²
Besonderheiten: Komplette Zuchtanlage für Hühner und Zwerghühner. Mehrere Einzelställe. Kükenaufzuchtboxen. Vorraum für Lagerung von Futter und Gerätschaften.

Dieser Stall ist eine komplette Zuchtanlage, wie sie bei Rassegeflügelzüchtern in abgewandelten Formen immer wieder zu finden ist. Sie unterteilt sich in vier Einzelställe, einen Vorraum und mehrere Boxen zur Unterbringung von Küken. Praxisnähe und Funktionalität stehen bei solchen Stallbauten eher im Vordergrund, weniger die Ästhetik.

Durch die Unterteilung kann der Züchter einzelne Zuchtstämme getrennt unterbringen und natürlich auch die Jungtiere in aller Ruhe aufziehen. Sehr praktisch seien die über den Sitzstangen angebrachten Boxen, in denen die Küken in den ersten drei Lebenswochen aufgezogen werden, sagte mir der Besitzer dieser Zuchtanlage.

Unterteilt werden die einzelnen Stallabteile durch einfache Armierungsmatten. Um Blickkontakt zwischen den Zuchtstämmen zu verhindern, wird zwischen den Ställen direkt vom Boden ab ein Brett als Sichtschutz eingezogen. Diese Zuchtanlage kann als Musterbeispiel für die Stallplanung in Gemeinschaftszuchtanlagen gelten. Gut durchdacht bietet sie auf relativ wenig Fläche optimale Bedingungen für alles rund um die Hühnerzucht.

Durch geringe Änderungen im Innenbereich ist sie vielseitig verwandelbar und kann auch als Stallbaugrundlage für sämtliche anderen Bereiche in der Kleintierzucht dienen.

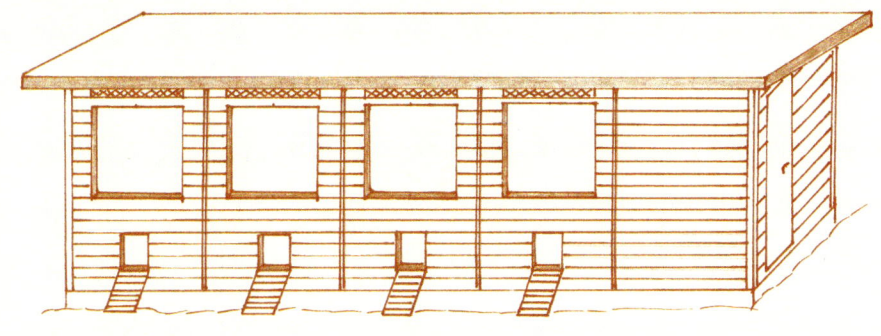

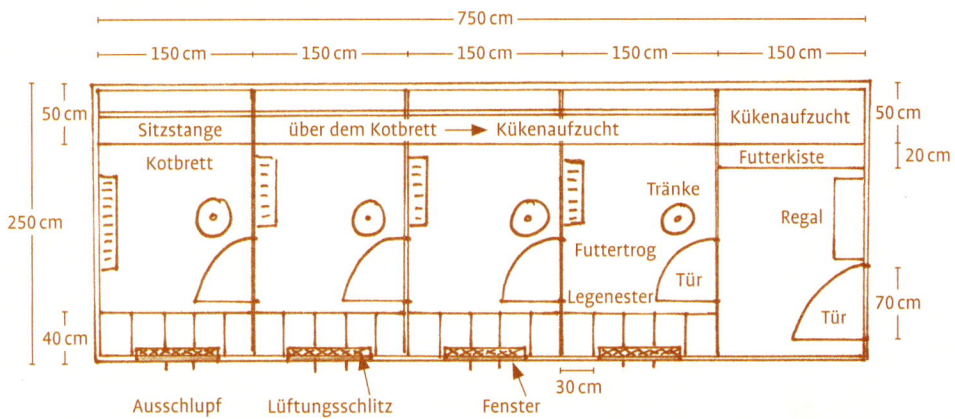

750 cm

150 cm | 150 cm | 150 cm | 150 cm | 150 cm

50 cm

Sitzstange | über dem Kotbrett → Kükenaufzucht | Kükenaufzucht

50 cm

20 cm

Kotbrett

Futterkiste

250 cm

Tränke

Regal

Futtertrog

Tür

Legenester | Tür

70 cm

Tür

40 cm

30 cm

Ausschlupf | Lüftungsschlitz | Fenster

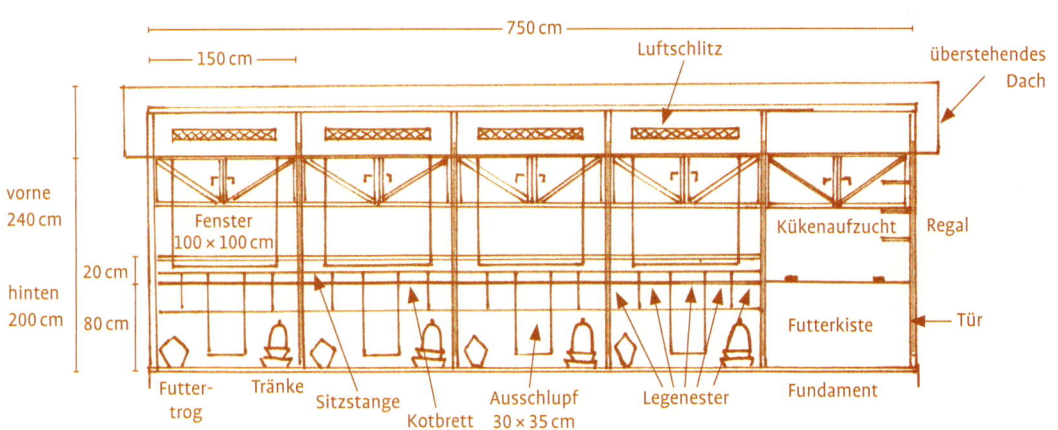

750 cm

150 cm

Luftschlitz

überstehendes Dach

vorne 240 cm

Fenster 100 × 100 cm

Kükenaufzucht | Regal

20 cm

hinten 200 cm

80 cm

Futterkiste | Tür

Futter-trog | Tränke | Sitzstange | Ausschlupf | Legenester | Fundament

Kotbrett | 30 × 35 cm

Service

Zum Weiterlesen

Bauer, Wilhelm: Zwerghühner. Verlag Eugen Ulmer, Stuttgart, 2007.

Bund Deutscher Rassegeflügelstandard (Hrsg.): Deutscher Rassegeflügelstandard.

Busch, Marlies: Taschenatlas Pflanzen für Heimtiere: Gut oder giftig? Verlag Eugen Ulmer, Stuttgart 2009.

Grashorn, Michael / Kuhn, Regina / Volk, Fridhelm: Geflügel – Das Fotobuch für die Praxis. Verlag Eugen Ulmer, Stuttgart 2006.

Peitz, B. u. L.: Hühner halten. Verlag Eugen Ulmer, Stuttgart 2012.

Robiller, Franz: Vogelheime, Volieren und Teiche. Verlag Eugen Ulmer, Stuttgart 2007.

Schmidt, Horst / Proll, Rudolf: Taschenatlas Hühner und Zwerghühner. 182 Rassen für Garten, Haus, Hof und Ausstellung. Verlag Eugen Ulmer, Stuttgart 2010.

Schmidt, Horst / Proll, Rudolf: Rassegeflügel kompakt. 525 Rassen für Garten, Haus, Hof und Ausstellung. Verlag Eugen Ulmer, Stuttgart 2011.

Sperl, Theodor: Hühnerzucht für Jedermann. Verlagshaus Reutlingen Oertel + Spörer, Reutlingen 1999.

Stach, Günter: Geflügelställe und Ausläufe. Oertel+Spörer Verlags GmbH+Co., Reutlingen 2008.

Wirth, Peter: Der große Gartenplaner. Verlag Eugen Ulmer, Stuttgart 2011.

Woernle, Hellmut / Jodas, Silvia: Geflügelkrankheiten. Verlag Eugen Ulmer, Stuttgart 2006.

Nützliche Adressen

Elektrische Ausschlupföffner und Futterautomaten
Axt-electronic
Wartburgstraße 10,
99817 Eisenach / OT Stedtfeld
www.axt-electronic.eu

Netze für Kaltscharrräume und Auslauf-Abdeckungen
Itzehoer Netzfabrik GmbH
Schütterberg 17, 25524 Itzehoe
www.vogtnetze.de

Friedrich Jöst
Alter Weg 2, 64711 Erbach

Windschutznetze
WEGNER – Technische Textilien
Raphael Wegner
Dorfstraße 11, D-83379 Wonneberg
www.windschutz-wegner.de

Siepmann GmbH
Wittener Landstraße 19, 58313 Herdecke
www.siepmann.net

Accura NTV oHG
In den Seewiesen 26, 89520 Heidenheim
www.verpackung-tvv.de

Kükenaufzuchtboxen, Tränken, Futtertröge etc.
Brutmaschinen Janeschitz GmbH
Dr. Georg-Schäfer-Straße 17,
97762 Hammelburg
www.bruja.de

Kleintierzuchtbedarf Thea Schmidt
Ringstraße 15, 57392 Schmallenberg-Bracht
www.kleintierzuchtbedarf-schmidt.de

J. Hemel Brutgeräte
Am Buschbach 20, 33415 Verl
www.hemel.de

Sollfrank KG
Schießplatzstraße 40, 90469 Nürnberg
www.sollfrank.de

Heka-Brutgeräte
Langer Schemm 20, 33397 Rietberg
www.heka-brutgeraete.de

Kleintierzuchtbedarf Rhein
Siegfriedstraße 48, 64646 Heppenheim
www.kleintierzuchtbedarf-rhein.de

HühnerHausMobil
Dipl. Ing. agr. Ralf Müller
Waldquellenweg 42, 33649 Bielefeld
www.huehnerhaus-mobil.de

Fertigställe
Zimmerei Freund
Cosuler Straße 3, 02692 Eulowitz
www.zimmerei-freund.de

Franz + Klaus Wachter
Bodenseestraße 15,
88213 Ravensburg / Dürnast
www.wachter-holz.de

HühnerHausMobil
Dipl. Ing. agr. Ralf Müller
Waldquellenweg 42, 33649 Bielefeld
www.huehnerhaus-mobil.de

Ilfis Holzbau AG
CH-3543 Emmenmatt
www.ilfis.ch

WABE-Produktion
WABE Behindertenzentrum
Schreinerei und Kleinbauten
Jonastraße 8, CH-8636 Wald
www.wabe-produktion.ch

Stieger Holzbau GmbH
Freienbach 16, CH-9463 Oberriet
www.stiegerstaelle.ch

Eco poules SARL
4 rue Gillois, B.P 6004, F-68600 Volgelsheim
www.eco-huehner.com

Omlet Ltd,
Tuthill Park, GB - Wardington,
Oxfordshire, OX17 1RR
www.omlet.de
(Besonders originelle Ställe aus Kunststoff,
die in Deutschland bezogen werden können)

Adressen von Züchtern finden Sie hier
Bund Deutscher Rassegeflügelzüchter e.V.
BDRG-Geschäftsstelle
Erlenbruchstraße 20, 63071 Offenbach
www.bdrg.de

Verband der Hühner-, Groß- und
Wassergeflügelzüchtervereine zur Erhaltung
der Arten- und Rassenvielfalt e.V.
www.vhgw.de

Verband der Zwerghuhnzüchtervereine e.V.
im BDRG
www.vzv.de

Baustoffübersicht für den Stallbau

nach Robiller, 2007

Verwendung	Baumaterial	Vor- und Nachteile	Wartungsaufwand, Haltbarkeit
Außen- und Innenwände	Gasbeton-steine (z. B. Ytong)	Sehr einfache Verarbeitung. Die Steine in unterschiedlichen Dicken werden mittels einer Säge in die passende Länge geschnitten und mit Hilfe eines speziellen Klebers dauerhaft verbunden. Sehr gute Wärmedämmung.	Wenn die Steine verputzt werden, unbegrenzt.
Außen- und Innenwände	Ziegelsteine	Steine müssen mit Zementmörtel aufgemauert werden, was Erfahrung erfordert. Sehr gute Wärmedämmung.	Unbegrenzt. Steine müssen nicht unbedingt verputzt werden.
Außen- und Innenwände	Kalksand-steine	Steine müssen wie Ziegelsteine verarbeitet werden. Sehr glatte Oberfläche, die Parasiten keinen Unterschlupf bietet.	Unbegrenzt. Steine müssen nicht unbedingt verputzt werden.
Außen- und Innenwände	Holzständer-konstruktion	Sehr einfache Verarbeitung. Die Balken in unterschiedlichen Querschnitten werden mit einer Säge auf die passende Länge geschnitten und mit Schrauben, Nägeln oder Metallwinkeln miteinander verbunden. Je nach Dämmmaterial zwischen den Balken eine sehr gute Dämmung.	Werden die Balken durch eine entsprechende Verkleidung vor Nässe geschützt, im Grund unbegrenzt.
Bodenbelag	Beton	Sehr einfach zu reinigen. Bietet dauerhaften Schutz gegen das Eindringen von Ungeziefer. Bei ungenügender Isolierung und Lüftung sehr kalt und unter Umständen feucht.	Keiner. Unbegrenzt.
Bodenbelag	Holz	Wird zum eigentlichen Boden (z. B. Beton) eine Dampfsperre und eine Unterkonstruktion eingeplant, ist der Boden sehr warm. Einfache Reinigung. Üblicherweise werden Pressspan- oder Mehrschichtplatten verwendet, so dass wenig Stöße entstehen. Zum zusätzlichen Schutz kann die Oberfläche mit einem Parkettlack gestrichen werden.	Bei Schutz vor Nässe und ordnungsgemäßer Verarbeitung sehr gut.
Bodenbelag	Fliesen	Als Unterkonstruktion sollte ein Betonboden vorhanden sein. Mit etwas Erfahrung können die Fliesen mit möglichst glatter Oberfläche selbst verlegt werden. Boden kann selbst nass gewischt werden, was vor allem bei Desinfektionen ein großer Vorteil ist.	Keiner. Unbegrenzt.
Dach-eindeckung	Bitumen-pappe (Dachpappe)	Sehr einfache Verarbeitung. Um einen beständigen Schutz zu erhalten, sollten mehrere Lagen übereinander angebracht werden. Die Bitumenpappe wird mit Hilfe von speziellen „Dachpappenstiften" befestigt. Geringer Kostenaufwand.	Sollte in regelmäßigen Abständen (ca. 8–10 Jahre) erneuert werden.
Dach-eindeckung	Bitumen-schindeln	Schindeln gibt es in verschiedenen Farben und Formen. Sie werden nach einem festgelegten Plan (liegt jeder Verpackungseinheit bei) verlegt. Die Schindeln werden durch angebrachte Klebestreifen miteinander verbunden. Einfache Verarbeitung.	Sollte in regelmäßigen Abständen (ca. 10–15 Jahre) erneuert werden.

Verwendung	Baumaterial	Vor- und Nachteile	Wartungsaufwand, Haltbarkeit
Dacheindeckung	Bitumenwellbahn	Wellbahnen gibt es in verschiedenen Farben. Unter den Wellen müssen entsprechende Kunststoff-Abstandhalter angebracht werden, die es im Fachhandel gibt. Da das Gewicht der Platten sehr gering ist, benötigen sie keinen besonders starken Unterbau. Mit Bitumenwellbahnen können auch größere Dachflächen sehr einfach eingedeckt werden.	Die Haltbarkeit ist in etwa mit der von Bitumenschindeln zu vergleichen.
Dacheindeckung	Ton- oder Betonziegel	Sehr dauerhafte und stabile Dacheindeckung, die durch das hohe Gewicht aber einen stabilen Unterbau benötigt. Um eine optimale Lage der Ziegel zu erreichen, muss der Abstand der Dachlattenunterkonstruktion passend zum Ziegelfabrikat gewählt werden.	Beinahe unbegrenzt.
Dacheindeckung	Faserzementplatten	Stabile Dacheindeckung, die heute asbestfrei ist und deshalb ohne Bedenken verwendet werden kann. Hohes Gewicht, so dass auch hier ein entsprechend stabiler Unterbau nötig ist. Unter die Wellen sind am besten entsprechende Abstandhalter anzubringen, durch die die Platten mittels spezieller Schrauben befestigt werden.	Keiner. Unbegrenzt.
Wandverkleidung	Bretterverschalung	Unterschiedliche Ausführungsarten (Stülpschalung, Nut- und Federschalung, usw.). Es sollte auf eine sehr gute Qualität des Holzes geachtet werden. Während im Innenbereich kein Schutzanstrich nötig ist, muss das Holz im Außenbereich vorschriftsmäßig mit einer Grundierung und einem anschließenden Schutzanstrich versehen werden. Als Unterkonstruktion dient üblicherweise eine Holzständerkonstruktion. Im Innenbereich können viele Holzstöße als Unterschlupf für Parasiten dienen.	Innenbereich: Regelmäßige Bekämpfung von Außenparasiten in den Holzritzen. Außenbereich: Turnusmäßiger Wiederholungsanstrich. Sehr große Haltbarkeitsdauer.
Wandverkleidung	Gipskartonplatten	Einfache Verarbeitung. Platten im Normmaß werden auf die Unterkonstruktion (Holzständer oder Mauerwerk) aufgeschraubt bzw. mit einem Haftkleber angebracht. Stöße sollten mit spezieller Spachtelmasse überzogen werden. Sowohl im Innen- als auch im Außenbereich sollte die Fläche mit einem Putz überzogen werden.	Bei ordnungsgemäßer Verarbeitung sehr lange Haltbarkeit. Putz im Außenbereich sollte regelmäßig gestrichen werden.
Wandverkleidung	Pressspanplatten / Mehrschichtplatten	Sehr einfache Verarbeitung. Platten werden auf Holzständer geschraubt. Große Flächen können mit wenig Aufwand verkleidet werden. Kaum Stöße bieten Parasiten keinen Unterschlupf. Im Innenbereich ist kein zusätzlicher Schutzanstrich nötig. Weiß gestrichen wirkt das Stallinnere sehr hell. Als Unterkonstruktion für eine Wandverschalung (Sichtschalung), sollte ein Schutzanstrich durchgeführt werden.	Sehr gering und nahezu unbegrenzte Haltbarkeit.
Wandverkleidung	OSB-Platten	Platten werden wie Pressspanplatten mit Hilfe einer Säge verarbeitet. Durch die sehr grobe Oberflächenstruktur sollten sie als Wandverschalung im Innenbereich nicht unbedingt verarbeitet werden.	Sehr gering und nahezu unbegrenzte Haltbarkeit.

Register

Bildquellen

Wilhelm Bauer: Umschlagfoto, Seite 2, 7, 8, 10, 11, 12, 16, 17, 19, 21, 22, 23, 28, 31, 36(3), 44, 48, 52, 54, 59, 65, 73 links, 75, 76, 78, 79, 81(2), 84 links, 97, 98, 99, 101, 105, 106, 109, 113, 116, 126, 129
Regina Kuhn: Seite 15, 25, 34, 42, 62, 68, 73 links, 84 rechts, 89, 90, 92, 102, 111, 117, 118, 121, 125, 133, 136
Achim Laber: Seite 26, 73 rechts, 86
iStockphoto/Pamela Cowart-Richman: Seite 9, 29, 56, 64, 70, 88, 94, 104, 128, 138

Alle Zeichnungen fertigte Yvonne Bauer.

Die in diesem Buch enthaltenen Empfehlungen und Angaben sind vom Autor mit größter Sorgfalt zusammengestellt und geprüft worden. Eine Garantie für die Richtigkeit der Angaben kann aber nicht gegeben werden. Autor und Verlag übernehmen keine Haftung für Schäden und Unfälle. Bitte setzen Sie bei der Anwendung der in diesem Buch enthaltenen Empfehlungen Ihr persönliches Urteilsvermögen ein.
Hinweis: *Der Verlag Eugen Ulmer ist nicht verantwortlich für die Inhalte der im Buch genannten Websites.*

Bibliografische Information der Deutschen Nationalbibliothek

Die Deutsche Nationalbibliothek verzeichnet diese Publikation in der Deutschen Nationalbibliografie; detaillierte bibliografische Daten sind im Internet über http://dnb.d-nb.de abrufbar.

© 2013 Eugen Ulmer KG
Wollgrasweg 41,
70599 Stuttgart (Hohenheim)
E-Mail: info@ulmer.de
Internet: www.ulmer.de

Titelfoto: Wilhelm Bauer
Lektorat: Dr. Eva-Maria Götz, Antje Munk
Herstellung: Ulla Stammel
Umschlagentwurf: Atelier Reichert, Stuttgart
Satz: Atelier Reichert, Stuttgart
Druck und Bindung: Firmengruppe APPL, aprinta Druck, Wemding
Printed in Germany

ISBN 978-3-8001-7868-1